MASTERING PSYCHOLOGICAL WEAPONS

掌握心理学武器 升级职场竞争力

赵 倩 / 著

UPGRADING WORKPLACE COMPETITIVENESS

更多心理秘密武器 助你成为职场高手。

经济管理出版社
ECONOMY & MANAGEMENT PUBLISHING HOUSE

图书在版编目（CIP）数据

掌握心理学武器　升级职场竞争力 / 赵倩著 .—北京：经济管理出版社，2023.12
ISBN 978-7-5096-9584-5

Ⅰ. ①掌…　Ⅱ. ①赵…　Ⅲ. ①成功心理—通俗读物　Ⅳ. ①B848.4-49

中国国家版本馆 CIP 数据核字（2024）第 027748 号

组稿编辑：杨国强
责任编辑：杨国强
责任印制：黄章平
责任校对：张晓燕

出版发行：经济管理出版社
（北京市海淀区北蜂窝 8 号中雅大厦 A 座 11 层　100038）
网　　址：www.E-mp.com.cn
电　　话：（010）51915602
印　　刷：北京晨旭印刷厂
经　　销：新华书店
开　　本：710 mm × 1000 mm/16
印　　张：12.75
字　　数：176 千字
版　　次：2024 年 3 月第 1 版　2024 年 3 月第 1 次印刷
书　　号：ISBN 978-7-5096-9584-5
定　　价：68.00 元

联系地址：北京市海淀区北蜂窝 8 号中雅大厦 A 座 11 层
电话：（010）68022974　　邮编：100038

前言

职业生涯在人的一生中占据将近一半的时间，无论你是自己创业，还是在企事业单位工作，都需要通过自己的职业赚取收入、建立人际关系、实现自我价值。

可以说，职业生涯是人生幸福与成功的重要组成模块。

但矛盾的是，工作是人生幸福的重要组成部分，却也是导致人不快乐的重大诱因，比如：

● 感觉很迷茫，不知道自己适合做什么，于是只能“做一天和尚撞一天钟”，不喜欢却又无力改变；

● 对工作有强烈的焦虑感，担忧未来，特别是以前的同学、朋友看起来比自己发展得更好、职位更高、赚得更多，这种焦虑感更强了；

● 还有挫败感，当现状与自己的理想状态相去甚远时，就会产生自我怀疑——“是选错了行业，还是自己能力不行”；

● 感觉工作压力很大，不开心，只能给自己洗脑“工作不开心是正常的，每个人都这样”；

● ……

也许你听了很多课、看了很多书，甚至得到了很多启发，让行为的改变，但没多久又回到了以前的状态。

我们“知道”了非常多的技能、技巧、工具，但在真正“做到”上却总是无法突破，该迷茫迷茫，该痛苦痛苦，该拖延拖延。

更差的情况是，有的人会觉得，别人的方法这么好，自己不去用，是自己不自律、不上进。由此导致的后果是个人不仅没有任何成长和改变，还对自己进行内在攻击。

在我看来，职业发展中的很多问题，不是方案不好，也不是人们缺乏能力，而是没有补上“知道”和“做到”间的重要一环，而这一环就在心理层面。

人的大多数问题归根结底都是心理问题。心理问题不解决，解决其他问题的努力往往都是徒劳。

晓晨（化名）是我的一位来访者，她在校期间学习成绩一直特别优异，刚毕业就入职了一家有名的会计师事务所，成为了一名审计师，没几年就实现了升职加薪，距离自己一直渴望的高管位置仅一步之遥。

但是，她却渐渐发现，自己丧失了工作的动力和热情。她不懂自己到底怎么了，于是向我进行咨询。我带她去探寻丧失动力的表面下，潜意识到底在表达什么；同时带她回溯这个潜意识是如何形成的，又是如何塑造她的认知模式和行为模式的。通过这个过程，她逐渐意识到，在她的成长经历中，自己的需要长期被忽略。

她有一个比自己小 5 岁的弟弟，父亲很忙，母亲很严厉。大多数时候，只要她讲出自己的需求，就会被忽略，甚至是被骂。她内心极度渴望被看到，只能拼命学习，努力变得优秀，以获得别人的认可。

所以，毕业后她入职的也是社会认可度更高的公司，而不是自己真正喜欢的。尽管她已经长大，父母也远在家乡，并不会对她的生活有太多的指指点点，但别人的声音一直在她的内心深处影响着她，甚至让她长期忽略了自己内心的声音。

努力了这么久，而她内在的需要却一直没有被满足。最终她累了，忽然之间丧失了动力。

随着咨询的深入，她一步步看清了自己的内在热爱，走入了运动健康行业。虽然刚开始收入比以前低，但她的笑容明显变多了，生活状态越来越好。她转行快八年时我们偶然遇到，她和我说，做自己真正喜欢的事业，原来可以这么幸福。

人的内在对外在有巨大影响。如果不解决内在的心理问题，即使手握“屠龙刀”在职场上也未必能真正有用。符合内在需求的职业目标才有可能被实现，给你带来好状态，而这里说的“内在需求”，就在你的潜意识里。

有一位很优秀的朋友，工作了很多年，一直很辛苦，但没赚到什么钱。在咨询中发现，从小他妈妈就和他说：“赚钱是很不容易的。”这句话深深地刻在他的潜意识里，所以每当有两个工作机会出现在他面前时，他会无意识地去选择那个辛苦却不赚钱的工作。

还有很多朋友在工作中可能会遇到的拖延问题，表面看是主观不努力，对自己太放纵，但其实很有可能是潜意识里的完美主义以及对周边关系的不满导致的。

在心理咨询中，我常年聚焦于职业发展和个人成长方向，主要接待职业生涯规划、情绪、人际关系等相关议题的来访者。

正是看到了不同来访者的困境，我意识到：潜意识，它是我们看不见的世界，却主宰着我们的外在表现。它通过控制我们的思维模式、认知角度、态度反应、判断选择，进一步控制我们的行为。

而当我们越深入地了解自己的潜意识，越能让人生朝着自己理想的方向发展。

因此，在这本书里，我除了分享意识层面的技术技巧，更重要的是，我会深入到潜意识的层面，探索职业问题背后的内在需求或冲突，帮助读者能够做出更符合潜意识需求的选择和行动。

当我成为心理咨询师的时候，我的老师对我说，要相信每个人都有解决自身问题的能力。

这么多年来，我一直深深地相信这一点。但是，为什么还有人仍在现实生活中挣扎，遭遇中年危机、失业，甚至是出现严重的心理问题呢?

这是因为，有太多人，没有看到自己内在蕴含的巨大潜能，他们有能力在职业中发展得非常好，只是需要有人引导他们、帮助他们。

这也正是我写这本书的初衷。

在这本书里，我不会套用各类公式和模板，我要做的，是透过表面现象描述问题的本质，呈现各种情况下人们内在的认知模式，从而找到外在行为模式的原因。这个过程曾经帮助过我本人以及我的来访者解决职场问题，使得我们能换个视角去接近并理解职场中的规律。本书将会还原这个过程。

同时，我也会分享一些实用的操作建议，这些建议都是基于心理学的理论和工具，从内在心理出发，大多数我都曾经操作体验过，也达到了理想效果。这些工具在呈现的过程中，尽可能简单、容易上手，希望读者不仅能学到知识，还有动力去真正实践。

具体来说，读者能从这本书中收获什么呢?

首先，也是最重要的，读者可以通过这本书的阅读更加了解自己，找到自己真正想要的方向。也许这个方向不是完全清晰的脉络，但至少可以确信这就是自己想要的。

每个人的职业发展都是非常个人化的东西，只有符合自身的人格特质和潜意识的内在需求，采用适合的方式去实现，才能拥有更加持续、更加幸福的职业生涯。

在每个章节里，我都会给你呈现一个职场难题，特别的地方是，我会呈现出每种难题背后可能的心理原因，然后给予相应的解决方案。

同时，我还会提供一些工具和练习方法，跟随着阅读的过程去完成测评和练习，可以帮助你更全面、更准确地认知自己。

还是那句话，用适合你自己的方式，才能真正解决你的问题。

其次，职场拼的是综合实力，而不是单一技能。

无论你是创业，还是在企事业单位，想要在这个社会拥有立足之地，必须拥有五大能力，分别是职业规划能力、人际管理能力、情绪管理能力、高效工作能力和沟通能力。这也是本书的五大核心模块。

职业规划：在这个模块，你可以从内在出发去探索，找到自己认可和确定的方向，给自己未来的发展确定一个相对稳定的目标。书中会分享最常见的四大问题，包括职业迷茫的原因和应对方法、职业追求到底怎么确定、金钱思维对职业发展的影响，以及适合的职业规划的实现路径。

人际管理：这一模块会分享职场人际关系中最常见的向上管理、向下管理、同级管理和外部管理，但这不是单纯的管理课，书中这部分会探索人际关系中限制人们的内在潜意识，梳理出内外不一致的地方。经过这样的过程，也许某一天当你遇到职场中的各类人际关系问题时，既可以不再拧巴，也可以轻松做自己，还知道如何灵活应对。

情绪管理：压力、焦虑等情绪背后都有一个需要。这一模块会呈现这些情绪背后的需要和正向积极意义。当需要被看到才有被满足的可能，情绪被客观地看待才能发挥真正的功能。当你面对职场困境时，可以不被情绪牵着鼻子走，拥有稳定的情绪，才能做出更符合你潜意识的判断和选择。

高效工作：类似拖延、止步不前等常见效率问题，不是你不够努力，而是背后有一些限制性信念在作祟。这部分内容会帮助你识别并破除这些限制性信念，重塑你的认知模式，进而提升高效工作的能力。

沟通能力：同样一句话，不同的人在不同的心理状态下讲出来，效果千差万别。因此，这个模块会分享一些原则，希望能帮助你用适合对方且自己舒服的方式去协作；还会分享一些心理小技巧，教你如何更受欢迎，进而有效推进工作。

总之，这是一本心理书籍，更是一门职业发展实践的书籍。每个人都是自己职业发展的根基，你遇见的所有问题都没有你自己重要。希望读者能通过这本书了解自己、关注自己，在适合的职业路径上有所成就，成为领域里不可替代的职场高手。

目录

模块一　制定适合的生涯目标

模块二　成为人际关系管理高手

模块三　管理职场压力与情绪

模块四　提升职场工作效能

模块五　沟通是解决问题的核心力

模 块 一

制定适合的生涯目标

有句话说，方向错了越努力越悲催。如果职业生涯目标设定错了，会给我们的职业发展带来痛苦和阻碍。

第一章　职业迷茫：为何一直找不到适合我的工作

大部分人在职业生涯的某个阶段，或多或少都会遇到职业迷茫的问题。

职业迷茫，比较常见的表现是不喜欢现在的工作，但又不知道自己适合什么。但是，同样的迷茫，对于不同的个体来讲，原因可能完全不同。大多数人的迷茫，集中在三个原因。

一、工作没动力可能是它不符合你的内在需求

每个人的职业生涯长度是不同的，我们会看到有一些科研工作者、教授、老师，他们会工作至生命的最后一刻，许多的心理学家也都是终身讲学的。也会看到一些企业家，功成名就后早早退休，享受生活。还有一些人，会在职业生涯达到高峰后，继续挑战更大更远的目标。比如，稻盛和夫，创建了两家世界500强企业，78岁还就任日本航空会长。为什么有些人在工作中浑浑噩噩，早日退休就是最终目标；而有些人，在工作中总能保持热情，自发自愿地延长着自己的职业生命。这和他们的内在需求被满足的程度有关。就好像本书前言里提到的例子，女孩在原本的高薪行业丧失动力，只是因为从来没有关注自己的需要。

当一个人在做自己真正想要做的事业时，才不会轻易失去动力。

所以我们的职业生涯目标，一定要符合自己内在真正的需要。如果我们一开始就不知道自己想去的方向，只跟着别人的意见向前走，那可能会经常性地出现迷茫，或者觉得没有动力。

二、外在工作问题可能是内在问题的替罪羊

如果没有对职业生涯目标做出深入细致的思考，有时候所谓“适合的工作”可能也只是逃避的借口。

有一位朋友，大学毕业以后，就在老家的事业单位找了一个安稳的工作。在入职之前，他想象中的工作是非常高大上的，没想到，实际的工作不仅很琐碎，而且很辛苦。

因为是新人，他被安排在一线服务岗位，每天会和很多普通老百姓打交道，工作时间很长，工资也很低。他觉得这个工作太没意思了，一点都不适合自己，于是工作了大半年就辞职了，说要趁年轻去大城市闯一闯。

到了大城市之后，因为学历背景一般，工作经验不足，所以一开始他也没找到什么好工作，随便进了一家公司工作了半年，觉得岗位不行，太辛苦，于是跳槽到了一家公司做财务；没多久又觉得工作没意思，又跳槽到一家公司做策划，又工作了半年，说领导不行，又辞职了。

后来，他做过外贸、瑜伽课程销售、咨询师助理……直播兴起的时候，他说要追风口行业，又入职了一家直播电商公司，半年后又跳槽到同行业的另一家公司，又工作了半年，觉得这个行业也没意思，于是又辞职了……

他现在已经35岁了，还在寻找一份合适的工作。经常一联系他，他就在失业中，就是在寻找新工作的过程中。

在我看来，他没办法找到一个真正适合他的工作，可能是因为他回避了解决自己真正的问题。所有外在工作上的问题，可能都是他逃避内在核心问题的替罪羊。

比如，他有可能回避建立深入的关系，所以他每一份工作都不会坚持太长的时间，因为时间一长就有建立长期关系的风险。

比如，他也有可能在回避内在的自卑，因为一旦在一个行业深耕下去，他总会面对自己性格、能力上的一些不足。而频繁地换工作，可以把这些问题都推到外在的因素上。

当然，这些都是我的猜测，到底核心的问题是什么，在他真正面对之前，谁也不知道。

可以确定的是，并非所有工作都不适合他，而是他内在的问题一直没被看见和解决。

三、忽视周围信息，过于自我中心，产生工作不顺利的错觉

还有一种情况，也会造成我们职业迷茫，即职业方向是正确的，只是我们过于自我中心，过于封闭，对周围的一些信息视而不见，只凭借自己的主观意见去判断，会单方面造成工作不顺利的错觉。

我曾经接待一位来访者，就叫他小陈吧。他之前是在一家国企做 IT 工作，工作能力很强，在单位很受领导的器重。他想在职业发展上有更多的可能性，所以就跳槽到国内知名的某互联网大厂。

到了大厂后，他发现业务模式、工作方法都和以前有很大的不同，领导也不会像前领导那样关注和重视他。

而且，他身边的同事看起来都很厉害，尤其是每周听别人汇报时，就感觉别人都很厉害，做出了那么多成果，而自己还没做出什么成绩，然后开始担心："领导会不会不喜欢我？我会不会被淘汰？"

越想他就越紧张，越紧张就越容易出错，工作进度慢了，压力也更大了，形成了一个恶性循环。

在咨询中我发现，小陈的认知有一些过于片面的地方，比如说，他只看到别人很厉害、很强，却没有考虑到别人都是老员工了，已经适应了很久，而他是一个新人，要给自己适应的时间。他对自己的要求有点太高了。

另外，他说自己没有成果，其实是因为他在期待一个巨大的成果。但是，巨大的成果必然需要更长的时间。实际上，他入职后的这段时间，已经有了很多的小成果，但他都自动忽略。

还有他提到的领导没有给予太多关注的问题，这就一定代表领导不喜欢他吗？有没有可能领导只是太忙而顾不上，或者说这个领导的风格就不是关注下属的风格？

在咨询中，我也鼓励他打开自己，多关注身边的信息；不需要做得太多，哪怕只是简单的寒暄两句，或者在别人谈话时，稍加留意，默默聆听，也许就可以帮助他看到一些新的视角，从而带来一些新的思考。

有一次他很高兴地告诉我，他才发现，他眼中出色的人也有很大压力，因为上次回去后，他做了一些尝试，不再和以前一样独来独往，中午经常和大家一起吃饭。有一次一起吃饭的时候，他眼中的牛人抱怨吐槽了一堆工作上不顺心的事。他才意识到，原来大家都一样，都觉得工作挺辛苦，他瞬间觉得自己并没有那么差。

有的时候，感觉到工作不顺心，可能只是过于沉浸在自己的视角中，没有看到事情更多的角度。

四、如何找到自己的职业方向

在职业生涯发展中，如何做才能找到自己发展的方向，并且坚定前行不迷茫呢？有三个要点：

（一）了解潜意识，它知道答案

把人生比作一辆马车，意识就是拉车的马，看似一切方向和速度都掌握在自己手中，其实被缰绳左右。而控制缰绳的马车夫就是潜意识，也就是人的自动化导航系统。

潜意识是人们内在看不见的世界，但主宰着人们的外在世界。它通过控制每个人的思维模式、认知角度、态度反应、判断选择而进一步控制人们的外在行为。

我们能看到的意识层面对自己的认知只是自身全貌很少的一部分，就好像水面上的冰山一角；而在水面下，我们看不到的部分，蕴藏着巨大的冰山，也蕴藏着巨大的潜力和能量。

当我们越深入地了解自己的潜意识，越能接近真实的自我，从而掌控自己的人生。在本书后面所谈到的内容，不止停留在意识层面的技术技巧，也会深入到潜意识的层面。

了解潜意识，不是一蹴而就的过程，也不是一劳永逸的，需要长期持续地自我觉察，甚至有些部分还需要专业人士或者专业工具的帮助。但你也不用灰心，人是丰富和变化的，认识和了解自己可能是伴随每个人终身的事，只要你认知自己比之前多一点，就会有所收获。

在本书后面的内容和练习中，几乎每个模块都会涉及自我认知的部分，在阅读的过程中也许就会发现对自己的认知逐渐增加和深入。随着你对自己的了解越来越清晰，你就有了掌控自己人生和职场的基础。

（二）丰富认知角度，客观真实地面对

人的很多认知来自想象，要保持开放，主动了解他人的生活和外部世界的多种信息。人的大脑是非常具有欺骗性的，耶鲁大学博士史蒂文·诺韦拉（Steven Novella）曾在他的著作《如何独立思考》中谈道："大脑，更加偏爱简单明了、让人安心的解释，而且我们的记忆其实也是一团糟，我们的思维中存在许多先入为主的偏见。"如果一个人不能保持一颗开放的心，只看自己所看，只想自己所想，学得再多，也只是在原地不断加厚盔甲的井底之蛙。

生活中经常看到有些人，花了很多钱学了很多课，但学完后不仅没有改变，学习的内容反而成为自我逃避的借口和自我保护的工具，甚至是攻击别人的武器。这些人表面似乎在学习，但封闭的内在让他们无法接收到外界真实的信息，从而无法真正面对和解决真实的问题。

而更理想的状态是，试着去变换视角，想象一下从其他人的角度看待自己现在的问题；同时保持与各类人际关系的链接，多渠道地信息获取，保证自己可以更加客观。比如，有的人觉得自己很糟糕，而在周围人的眼里，其实他已经非常优秀了，身上有很多的闪光点；相反，也有的人觉得自己很厉害，但可能只是自己的圈子太小了，没有看到外面广阔的世界，不知道自己可以成长的部分还很多。

要能够相对客观真实地看待自己、看待世界，改变自己能掌控的，接受自己掌控不了的部分，为自己的选择负责，也接受过程中的波折。你会发现，在真实的世界努力，哪怕一时失败，你的内心也远比停留在头脑中虚假的幻想更有力量。

（三）小范围尝试，深入体验感受

有些人花很多时间去思考自己的职业方向在哪，却从来没有实际尝试过。而一旦当他真正投入到这个工作中，可能会发现一切都和自己想得不一样。为了不造成这么大的试错成本，建议你可以小范围、小部分地尝试体验自己感兴趣的工作。在这个过程中要重点体会两点：一是新的工作所带来的喜悦和满足，有没有达到你想象中的程度；和你想象中的差距有多大，自己有没有过度美化这个工作。二是在这个工作中，你有没有发现哪些自己不喜欢的部分，或者有没有一些你没预料到的困难出现了。而当不喜欢的部分或者未预料到的困难出现时，你是否还愿意坚持这个工作，坚持这个职业方向？这部分需要你做更深入的体会和思考。

如果职业生涯目标的确定是没有经过深入的体验和思考的，有可能你对新方向和新职业的喜欢只是头脑中想象出来的，所谓新的方向，实际上是为了逃避对于现状的不满。这样，哪怕你找到了一个新的方向，换了一个新的职业，也会遇到新的问题，如果没有足够的内在力量支撑自己面对和解决新问题，则所谓新的方向也有可能变成又一次失败的经历。只有了解过、尝试过、体验过之后，做出的决定才更加理智。

本书的每个章节都设置了一些小练习，帮助读者在行动中进一步体会，在生活中有意识地训练。需要提示的是，当你开始在现实生活中尝试时，一开始，可能有一些不自然、不习惯，这都很正常，不要轻易地放弃或者退缩，更不要自我怀疑和否定。如果你能够持续刻意练习，就会越来越自然，大脑也会接受新的方式从而替换旧的思考模式。

本章练习

认识自我的小练习——“我是谁”

请你找一个安静的空间，你需要一张纸和一支笔。

如果有一道填空题，我是（　　），让你用20个不同的回答去填满这个空格，你会怎么写？

你可以写我是×××

- 我是（一个妈妈）；
- 我是（快乐的）；
- 我是（短头发的）；
- ……

只要是可以表现自己的句子就可以。不需要在意这个答案是不是合理、是不是正确，只要是浮现在你脑海中的，就把它写下来，尽可能多地去书写，至少要写20个不同的答案。

当你完成了20个句子，请你回忆一下，在做这个练习的过程中，你有什么感受？有哪些发现？

接下来，邀请你对自己的这些句子做三种不同的分类：

第一种，哪些回答是关于你的内在，哪些回答是关于你的外在；

第二种，哪些回答是别人看待你的视角，哪些回答是你的自我视角；

第三种，哪些回答是正面的描述，哪些回答是负面的描述，又或者是中性的描述。

注意：这里所有的分类和社会评价没有关系，以你自己内心的感受为准。比如说，我是个好员工，这句话对有些人来说是正面的感受，但对有些人来说是负面的感受，如果感觉是负面的，就把它归在负面那一类，不用在意其他人怎么看这个句子。如果分辨不出是正面还是负面，就标为中性。

做完分类之后，你又有哪些发现？

有没有哪些角度占据了非常大的比例？

有没有哪些角度是你几乎没有提到的呢？

你对这个结果怎么看呢？

如果你身边有一起阅读的家人和朋友，你们也可以彼此分享，听听其他人会给你一些什么样的反馈。

第二章　职业追求：金钱？地位？我们到底在追求什么

有些人和我说："我通过职业获取金钱、地位，有了这些，我就很开心。"

但如果我继续追问他："你得到了金钱和地位之后呢？你还追求什么？"他们往往会陷入沉思，不知如何回答。

如果要知道自己到底想通过职业满足的真实需要是什么，可以探讨一下，什么是职业。

一、到底什么是职业？

积极心理学之父塞利格曼在《真实的幸福》一书中提到，从学术意义上说，工作有三种不同的层次，分别是工作（job）、职业（career）及事业（calling）。在国内我们谈到职业的时候，常常是用career一词，但塞利格曼认为career只是职业，人们更应该去找到自己的事业即calling，calling就是呼唤、使命的意思。

工作就是，你只是为了薪水做这份工作，它只是你养家糊口的手段，至于其他的，你也没有太多期待，如果没有薪水了，你肯定就不干了。

职业的意思是，你对这份工作投入了很多，你想要的不只是薪水，还想要通过升职加薪去获得成就感，或者是权力、掌控感。所以，当你在职场中遇到晋升的天花板时，升无可升，你可能就会觉得工作了然无趣，开始去其他地方寻找满足与意义。

事业是本身对这份工作充满热情，认为自己的工作很有价值，甚至愿意为之奉献牺牲。

你在做事业的时候，即使没有薪水，也无法升迁，但你仍然愿意投入。比如，很多著名的企业家，在他们的创业初期，基本都是这样的，包括大热的电影《流浪地球》，他们的初创团队，也是在没有投资、没有薪水的情况下完成的。

在我们谈到本章的核心问题“职业追求”前，我想先请你思考一下，目前你的工作在哪个层次呢？只是赚钱的工具，还是可以获得成就感，让你不断晋升的职业？还是你觉得做一辈子也不会厌倦的事业呢？

二、为什么追求金钱和地位往往让你不快乐？

很多人会把金钱和地位作为职业追求的目标，但在我的实际经验中，这样做可能会带来很多不必要的心理痛苦，并不能够带来持续的快乐。为什么会这样呢？

你可以深入地想一想，通过职业和工作，或者说在金钱和地位的背后，你想要获得的更深层次的目的是什么？

对于有些人来说，他觉得金钱和地位是他的目的、他的追求。

其实，这是把目的搞错了，金钱和地位只是人们想达到自己目的的一个工具，但它并不会是一个人的最终追求。虽然金钱的充足在初期确实会帮助人们提升生活的品质，但心理学家发现，随着金钱增多到某一个阈值后，幸福感的增加会变得很少。

如果一个人跟我说，他工作的最终目的，赚很多很多的钱。这个人保持这个想法，即使有一天他真的赚到了很多很多的钱，但如果他只是奔着金钱这个目的，却依然会感到焦虑、痛苦、不满足。他会发现，除非是世界首富，否则总有人会比他更有钱。而且随着金钱的到来，心里的空虚、孤独可能并不会因为金钱的增多而改变。

地位也是一样，随着职位升得越来越高，哪怕升到了 CEO，也总是有一些人的地位更高。如果只是单纯地追求金钱和地位，会发现绝大多数人可能永远都没有办法达到他理想的状态。当然，这并不是说追求金钱和地位就一定是不好的，只是人们需要知道，金钱和地位只是路径而并不是目的。

我也想邀请正在阅读的你和我探讨一下，当一个人去追求金钱或者地位的时候，从他内在来讲，他想通过金钱和地位获得什么。

我可能会问他：当你获得了金钱和地位后，你可能会获得什么？他可能会回答大房子、豪车。我继续问下去，当你获得了大房子和豪车后，你又会获得什么？

当我不断重复这个问题，最后会发现，人们总会把答案停留在一两个非常简单的词语上，而这些词语往往都和感受有关。人们往往会停留在类似喜悦、安全、平静、成就等词语上。其实，人最终的追求，是各种愉悦的内在感受，本书简单地归纳为人生的幸福感。

金钱也好，地位也好，都是帮助我们获得人生幸福感的工具，职业也一样。我们千万不要因为对于工具的过度执着，而忽略了人生幸福。

那么，到底如何通过职业实现人生幸福感呢？

我想从两个层面谈这个问题。第一个层面是微观层面，先聚焦你的日常工作，看看如何让你的日常工作更快乐。第二个层面是宏观层面，如何实现你的职业追求。

（一）如何让日常工作更快乐？

心理学家调研了律师、医生、理发师、清洁工等职业，发现那些工作很开心的人，会想办法把工作转化为比较有社会性、整体性的工作，也会赋予工作更多的意义。

比如，理发师不是机械地剪头发，而是把剪头发转化为亲切的人际关系工作，先谈谈自己的私事，也会问客人一些个人问题；或者有的理发师会认为自己是在做与美有关的事业，他认为自己不是理发师，而是造型师，甚至是艺术家，那他工作的时候一定是更有幸福感的。

我曾经把这个技巧运用在我的工作中。

在我作为咨询师和培训师的工作中，许多管理者和学员都会询问我一些关于销售技巧的问题。甚至在一些咨询项目中，我需要帮助客户实现一些销售目标。而我只在我的职业生涯最初期非常短暂地从事过销售工作，算不上一个销售的高手。但通过心理学的方法，我居然一直解决得不错，甚至后来被老板调去带领自己公司的销售团队。这里面会用到几个心理学的技巧，其中一个技巧是和转化工作的价值相关。

我发现，很多一线的营销人员，困住他们的不是缺少技巧和方法，因为这方面的资料实在是太多了，毕竟销售业绩可以说是老板最看重的了；也不是因为赚不到钱，我见过同一个办公室两位员工的销售收入相差 10 倍以上，但对于赚得少的这位，似乎并不会因为赚钱的欲望而变得更有动力。

根据经验，这种时候困住他们的，更可能是对客户拒绝的恐惧，或者是觉得自己的工作没有价值。

在我的工作中，会想办法帮助他们去转化看待日常工作的视角，重新发现自己工作的价值。比如，我会花很多时间，站在客户的角度，告诉他们，他们的产品是如何帮助到客户的；会帮助他们不要把工作的目的只看成完成销售任务，而是转化为人际关系的互动，去关注眼前的客户，好奇他们背后的故事，不管是他们多了解了一点客户，还是客户多了解了一点他们，我都会加以鼓励和肯定，帮助他们逐渐从销售中找到自身的价值感和人际互动的乐趣。

而且很有意思的是，当他们开始去关注人际互动时，销售业绩会自然而然地好起来。我记得有一位学员对我说："老师，为什么过去我们觉得很难的事情，当你在这里的时候，完成就变得很简单。"

他不知道的是，不是因为我，而是因为他改变了看待每天日常工作的视角，所以有了不一样的感受。

只是追求赚更多的钱，很多时候并不会激发我们做得更好，大部分时候，当你赚到钱，短期你确实会快乐一下，但这种感觉不会持续很久，之后你又会回到之前的状态。因此，好好思考工作的意义是什么，便可以让你在每天的工作中都能找到快乐。

（二）如何实现你的职业追求?

1. 把你的职业目标设立得更大一些

可能你会说：我们就想知道怎么样能更快升职发财，作者居然和我们谈人生，是不是太鸡汤了？

请读者放心，后面的章节里我会分享如何提升一个人的职场竞争力，帮助你实现升职加薪。但在此之前，我希望你不要只关注金钱，要把你的目标设立得更远大一些。这是因为，如果一开始，你的目标不够远大，就很容易在中途放弃和受挫。

图 2–1 可以很好地诠释远大目标的意义，当人们心中有远大的目标时，眼前的困难并不会造成多大困扰，但当人们的目标过小时，一点小困难也很容易导致放弃。

就拿我的职业来说，很多人都感兴趣，想进入这个行业，但在我这么多年的从业中，当年一起的伙伴，现在仍在行业里工作的寥寥无几，大家可能会因为各种各样的原因离开。而我为什么会坚持如此之久，我想其中一个原因是我在学习心理学的初期，在一次学习中定下了成为助人工作者的终身目标。

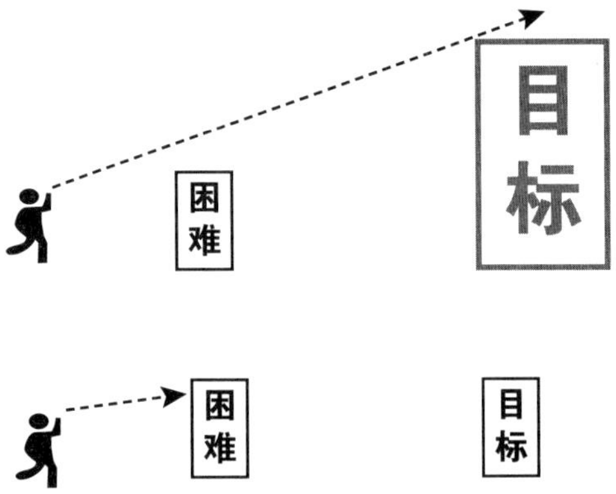

图 2-1　职业目标

所以，当你有一个长久远大的职业目标后，可以让自己在面对一些职业困境时，能够更坚定，走得更长远。

2. 关注内在价值观

有的人也会说："我觉得我的目标挺远大呀，我觉得现在我的职业也是我想要发展的领域，但为什么我还是会觉得痛苦呢？"有种可能是，具体工作的内容和方式，违背了你的内在动机和价值观，从而带来了内在的挣扎和痛苦。

我有一位朋友，她非常喜欢做管理咨询这个工作，但她最早的工作内容是制定标准的工作流程。如果有朋友在医院、银行或者生产制造企业工作，可能会知道，这些单位有一套 6S 标准，就是要求每个物品都要放在规定的位置，地上有一条线，物品超过了画线的范围就要被处罚，包括人的行动也都有一套严格的行为标准。

在标准推广的初期，为了确保到位，企业一般都是非常严苛地抓执行，所以她的工作有一部分是调阅监控录像，检查扣分。如果非常注重细节，喜欢标准化、规则化的人做这项工作可能会如鱼得水。但我这位朋友，在她的价值观里，自由、平等是非常重要的板块。我曾怀疑她喜欢管理咨询这个工作，就是相比传统的办公室上下级环境，这个工作相对而言自由度高一点。而制定标准、检查扣分的工作和她的价值观冲突非常大，做这份工作的时候，她很痛苦。后来，她调整了岗位被调去营销咨询为主的部门，果然她感觉舒服多了。

如果你的大方向没有错，却依然痛苦，也可以考虑一下是不是具体的工作内容与你的价值观相冲突。

3. 找到内在根本动机

在达成职业追求的过程中，每个人的内在根本动机不同，激励每个人去行动的原因也不一样，每个人看待工作的侧重点不同，从而会影响人们的外在行为。

完全弄清楚这一点需要花费一些时间，这里先分享一些简单的方法。我有位好友是九型人格测评的专家，她和我分享了九型人格测评的其中一个理论：所有人在最底层大致有三类本能，这三类本能也可以看作人们内在根本动机的一种表达。

第一类是自保。我理解就是安全感。内在动机以自保为主的人，会专注于赚钱、存钱、学习专业技能，确保自己不会被饿死。

第二类是一对一。我理解为个体和个体之间的情感链接，如有的人在工作中并不在乎钱，但他在乎领导是不是对他肯定，同事之间有没有深入的交流和情感链接。

第三类是社群。这类人更喜欢许多人聚集在一起的感觉，更在意自己在职场中的位置。

这三类本能每个人多多少少都会有一些，但其中一定有一个是相对主导的部分。比如，我有个朋友缺少社群的本能，但一对一的本能比较高，即使她的口头表达很优秀，但让她面对一群人发言时，就不如她一对一深度沟通带来的快乐多。

我还有个朋友自保的本能占比较低但社群的本能占比较高，她在创业时经常会忽略金钱的问题，愿意为了搭建平台聚集人群而不计成本。

你也可以简单地对照一下，这三类本能，哪类占比高一点。如果你能确定自己主导的本能，让你的职业方向朝着更能满足自己内在动机的方向去发展，职业幸福感会提升不少。

你也会更好地理解自己为什么会喜欢一些工作、不喜欢一些工作，也能从自己缺少的部分看到可能会忽略的盲点，从而提醒自己去关注。比如，我那个不计成本的朋友，后来她找了一位合伙人帮助她关注投入成本的问题，这是缺少自保特质的人经常会忽略的点。如果缺少一对一，可能要提醒自己，在日常沟通中，要注意对其他人情感的照顾。如果缺少社群，就要提示自己经常要抬起头看一看周围，或者听一些有社群本能人的分享，以免自己沉迷于小世界。

4. 做可以发挥你优势的工作

另外，你需要在工作中更多地发挥自己的优势，这会帮助你提高自信，增强自我价值感，从而可以做得更出色。

你可能想问，市面上有很多的性格测试，是不是可以做一些性格测试帮助自己找到优势。我个人的观点是，你确实可以使用这样的工具，但同时，需要注意使用的方法。

关于人的性格测试有很多种，有一些测试，当你自己去做时，会发现结果经常会有变化，可能在不同的时间段做出来结果不一样。在一开始设定长远的职业目标时，你可以更关注那些轻易不会变化的部分，如刚才谈到的九型人格中的内在本能，如气质测试等，因为越是深层次的部分，越是比较难以变化的，越适合作为长远的规划参考。

另外，有一个提醒，有一些测试题做出来的结果并不一定是完全准确的，有些人格测试需要配合咨询师的访谈而进一步确定，所以不要过度地依赖自己在网上做的一些测试，还是要结合自己的内在觉察一步步探索。

最重要的是，性格测试的结果反馈，在我看来并没有好与坏，每种性格都有其独特的优势，如果想在职业发展中取得成绩，就要去选择能发挥自己优势的工作，而不是一味地强迫自己改变。如果改变的力量是从否定自我开始的，那么改变的过程很有可能是漫长而痛苦的，但如果你能在工作中发挥自己的优势，通过这种优势的发挥，你可以获得自信、获取更多的内在力量。

这时候你再逐步去做小的改进和改变，就不会有那么多的自我否定和精神内耗，可能会更有效。

如果你目前已经没有办法重新选择工作，你可以思考，在目前的工作中如何发挥自己的优势。

比如，你是一位思维严谨但不善交际的人，而恰恰你又在从事需要和客户打交道的工作，而且短期无法变更工作。也许你可以考虑多发挥自己专业审慎的一面，比如用专业的文字报告去替代自己不擅长的寒暄聊天，用及时细致的资讯分享和提示来帮助客户。当你的严谨审慎能为客户创造更多价值时，我相信客户不会特别在意你的不善言辞。

如果你是一位管理者，如果能尽量匹配员工的优势和工作需求，也会让团队的工作更高效。

每个性格特质都有它优势的一面，只是你需要选对适合这个特质发挥的场景。比如，“谨慎小心”在冲锋陷阵、鼓舞打气时可能有些不合时宜，但在计划检查、风险管理却是绝佳的特质。比如，“勇敢果决”在做精细化的工作时可能会变成鲁莽草率，但在危急时刻就是英雄登场了。

总之，性格没有好坏，我们的目标不是完全地抛弃、否定我们性格的某一面，而是找到适合的场合场景，灵活地发挥我们的特质。

本章练习

心理游戏——我的五样

在白纸顶端，一笔一画写下“××× 的五样”。这个 ××× 就是你的名字。这五样东西，可以是实在的物体，如食物、水或钱；也可以是人和动物，比如父母、妻子或狗；可以是精神的追求，如理想；也可以是爱好和习惯，如旅游、音乐或吃素；可以是抽象的事物，比如勇气、哲学、梦想；也可以是具体的物品，如一个瓷瓶或一组邮票。总之，你可以天马行空地想象，只要把你内心最珍贵的五样东西写出来就是了。不必考虑顺序，排名不分先后。

如果生命中最宝贵的五样保不住了，你要舍去一样，请你拿起笔，把五样中的某一样抹去。你记住，当抹去的时候，意味着这个东西再也不会出现，是彻底消失的，如果你抹去了金钱，你这一生会穷困潦倒；如果你抹去了健康，就可能今生都只能躺在病床上，请你仔细地思考，抹去一样。

生活又发生了重大变故，来得更凶猛急迫，你保不住你的四样了，必须再放弃一样。

生命进程中，你又遇到了险恶挑战。这一次，你又要放弃一样宝贵的东西了。

你的生活滑到了前所未有的低谷，你必须做出你一生中最艰难的选择。你只能留下一样。

不知道你做完这个游戏的结果是如何的，当然我希望各位读者的人生中都能获得这五样，这个过程只是帮助你了解，自己内心深处最在意的东西是什么。也请你思考一下，在自己最在意的事情上，你是不是有真正地关照到。请你在努力赚钱工作的时候，千万不要忘记去关注自己内在最重视的部分。

第三章　金钱思维：为什么你的金钱观会影响你的职业发展

通常在谈到职业生涯这个话题时，很少有人专门探讨金钱思维对于职业发展的影响和限制。

但是，在我的从业经历中，我发现金钱信念无意间影响着我们的职业选择，也会影响我们在职场中的工作方法和路径。比如，我在前言中提到过的，那个总是选择辛苦却不赚钱工作的朋友，就是被金钱信念影响了职业选择。

同时，我们可以透过自己对金钱的看法，去发现我们隐藏的一些不合理或者会限制我们的信念。

这里我提到了信念，那究竟什么是信念呢？信念指在潜意识中，我们绝对相信的一些规则。

也许是因为现代社会的舆论环境赋予金钱过度的意义，无形中许多人对于金钱形成了一些看不见的规则，他们自然而然地相信这些规则，但并没有去思考过这个信念是否真的正确、真的合理。

比如，如果我说，金钱可以衡量一个人的自我价值，从内心深处，你认可这句话吗？我相信，有不少朋友都会认可这句话。

但这句话并不是真的。事实是，有许多人赚到了钱，却依然觉得自己一无是处，自我价值感不高。也有些人，也许并不富裕，但他们相信自己非常有价值，充满自信。

我们常常会看到在同一个人身上，对于金钱会有很多复杂矛盾的信念同时存在。

比如，有一些朋友谈到钱的时候可能会有点羞于启齿，但同时，他又隐隐认为钱是很重要的自我评价标准；也有一些朋友，收入很高，赚了不少钱，但总是对别人很大方，对自己很节俭。

还有一些朋友，把钱视作他唯一在乎的东西，但他却愿意守着一份安稳低薪的工作不放开。

在我的咨询经历中，我发现，如果能够帮助来访者处理好金钱的信念，会帮助他们获得更多的自信，激发他们的行动力，帮助他们获得更好的职业发展方向。

我有一位来访者，入职到新公司后，工作非常努力，试用期结束后，老板在原有的薪资基础上，给她多加了 1000 元。按理说，一过试用期就加薪，是对她的褒奖，说明她确实做得很棒，老板也很赏识她。但她却高兴不起来，甚至有点难过。

在咨询中，我发现，她有一个信念是“金钱意味着更多的责任”。虽然她在整个试用期阶段，非常努力地适应这份工作，但并不是为了获取更多金钱。而老板的加薪让她觉得，她还需要付出更多才能配得上这 1000 元，而她并没有信心能够胜任。

这也是一种不配得感的表现。

她还和我谈起，比起加薪，她更期待老板对她当面的赞扬，而 1000 元的加薪并不能替代老板用言语对她的肯定。在这个场景里，她提到一个很重要的早年经验，她说她期待老板肯定她、赞赏她，就好像小的时候期待妈妈夸她是个好孩子。

说到这里的时候，她的眼眶湿润了，紧接着她说了这样一句话：“我已经长大了，不再需要妈妈夸奖我是个好孩子了，我也不需要任何人来夸奖我是个好孩子了。”

这件事，成为咨询中的一个重大转折，这件事之后，她坦然地接受了这次加薪，并且越做越好，收入也有了大的突破。

在这个例子中，通过对金钱思维的探索，这个来访者突破了她过往的限制性信念，改变了她的工作态度，也影响了她的职业发展方向，她原本内在力量不足，不敢争取更高的职位获得更高的薪水，少了内在的制约，她的职业发展顺畅了很多。如果我们能突破关于金钱的不合理信念，也会给我们的职业发展清除障碍。

我提炼了几条非常常见和典型的金钱思维，这里分享和说明这些信念是如何限制人们的职业发展及财富积累的，本章第三模块中还会再分享如何通过信念调整而助力职业发展。

一、错误的金钱信念

（一）赚钱是为了别人，而不是为了自己

如果你不是为了自己而赚钱，你的内在需求和生活品质的提高会不太明显，后期会导致精神内耗或后劲不足。

七八年前，在一次培训课程的课后，有一位学员与我交流，她在当时的那个企业里业绩非常突出。

当时她问我的问题是，她每年都给远在家乡的父母、弟妹钱或者买礼物，为父母在老家盖房子，每个月给他们生活费，但为什么父母还总是说她不好。当时时间剩余不多，我没有太多的时间和她讨论，我就回答她："你要对自己好一点。"她低下头羞愧地说："确实，我要再对他们好一点。"周围的人提醒她听错了。我又看着她，重复了一遍："你要对自己好一点。"我看到她的眼睛一下子红了。

现在回想起来，她把我说"要她对自己好一点"听成了"对父母好一点"，这句话可能是她的潜意识想让她听到的，也是她每天在心里不断对自

己说的话。这位朋友赚钱都是为了父母弟妹，从来没有考虑过自己，所以她一边想办法赚钱，却一边仍然觉得痛苦和不满足。

金钱是她去讨好父母、去乞求爱的工具，但这种交换永远不会填满她内心的缺失，反而增加了她很多内耗。如果她能为了自己去赚钱，这种内在挣扎会减少很多，她会赚得更多更开心。

你也可以问问自己，赚钱是为了自己还是为了别人，如果是为了别人，那个人是谁，他值得你这么做吗？有没有可能，你在赚钱的时候，可以更多地为自己呢？

当你在工作赚钱时，能有更多的部分是为自己而努力，则你的内在会从这个过程中得到滋养和满足，你就可以在职场发展的过程中更坚韧、更持续、更幸福。

（二）金钱带着许多的附加条件，会带来一些不好的事情

如果你有这样的信念，可能会因为想要回避这些附加条件，或者想象中不好的事情，而无意识地回避一些可以赚钱或者职业发展的机会。但实际上，这些附加条件或者想象中不好的事情，不一定是真实存在的。

比如，你可能会觉得金钱背后附加着情感的控制；金钱背后附加着健康的牺牲；还有可能意味着要牺牲自由、牺牲自尊；等等。

我有一位朋友，他有一阵子对自己的工作不是很满意，因为缺少上升空间，工作很忙，收入也不能令他满意。这时，有猎头打电话给他，想要推荐他去业内更知名的一个企业。但他拒绝了，因为他听说那里的工资确实比现在高不少，但工作强度也很大。

我问他，现在的工作不是也很忙吗？他说那不一样，自己虽然现在很忙，但感觉是有选择的。另一个企业他很反感，感觉是剥夺人的生活、健康甚至自由思考的能力。我鼓励他去接触一下实际在这个企业工作的人，看看里面的人怎么说。

他联系到了一个在这家企业工作的老同学，见面具体聊了一下，发现并不像自己想象的——这些人都被洗脑了，失去了自己的想法。老同学告诉他，确实工作很忙，压力也很大，但身边的人都很优秀，每天也很充实，也拥有很多机会。

这次接触，让他开始反思，很多所谓的不合适，是不是自己想象出来的，他开始试着重新去接触一些自己过去排斥的工作机会，开始去面试、尝试。

不久之后，他跳槽去了新的企业，薪水有了大幅上升，确实压力也不小，但并不是想象的那样，完全剥夺了自己的生活，完全没有选择的被控制。他有了更大的发展空间，接触到了新的领域，提高了自己的能力，收入得到了突破。

正如我们前面讲过的，金钱其实只是个工具，它本身并没有好坏对错，而所谓的金钱背后附加的条件很多都来自我们的想象。当你可以客观地看待这一点，也许就能找到并把握更好的发展机会，减少一些纠结，在工作中也更专注。

（三）我只能使用自己赚来的钱

如果你认为只能使用自己赚来的钱去达成目标，则可能会忽略许多增加财富的方式，也会忽略自己身边的资源。

前几年，有位朋友和我说，他看到自己所在的行业有个服务的缺口，他想在这个领域发展一下，去开拓自己的事业。

但因为开拓这个业务需要许多其他的知识和金钱投入，于是他向我描绘了后面他要去学习的内容，以及需要攒到多少启动资金，我听到后惊呆了，因为那个学习量非常巨大，而且凭他目前的收入，如果等他攒够钱，至少得好几年后。那时候即使这个机会还在，靠他自己也不太可能完成如此庞大的工作内容。

于是，我问他为什么不找了解这方面的人一起做，也可以去找一些感兴趣的人投资这个项目。有人出钱，有人出力，似乎更合理。当时他说了很多理由，而我隐隐觉得，这些理由好像都不是那么充分。

现在回过头来想，他有一个很坚定的信念，就是凡事要靠自己，启动资金也必须靠他一个人赚取。这导致他错过了资源也错失了机会，整个项目不了了之。

有一种说法，说金钱是流动的，让财富流动起来的时候，你才会赚到钱。就好比当你的手摸过一块肉，总会沾点油。但让金钱和财富流动起来，靠自己一个人往往是不行的，只流动自己一个人的财富也是不行的。

我在企业做顾问时，常常会说，不要把自己看作企业的员工，而要把自己看作一个资源平台。企业的资源、客户的资源，都可以通过我得到合理的整合，这时你可以调动的社会财富是很大的，当你能够帮助更大的社会财富合理整合时，你的职位和资源是不一样的。

我曾经参与过一个公益项目，专项帮扶过一些家庭困难的孩子，其中我帮助的一个孩子，他没有上大学，毕业以后受到资助学了一门专业的技能。因为在学习期间表现优秀，他毕业后作为老师留在了这所专业技能培训学校，因为学校的资源他也认识了很多业内的专家、管理者，等等。

他后来发现有一些人想投资这个行业，但缺少专业的知识为该项目做准备，以及后续招聘合格的技师，他敏锐地抓住了这个机会，将自己打造成一个平台，去对接那些想要投资的人，专门进行前期的专业落地和团队组建工作，同时为学校的毕业生开拓了毕业后的就业路径。就这样，这个原本毫无资源和背景的孩子，在一线城市站稳了脚跟，二十几岁的时候就拥有了不菲的收入。

如果我们能突破只使用自己的钱这个限制，充分地调动自己身边的资源，你会发现身边有很多赚钱的机会，而自己的职业选择也多了许多。

（四）我渴望拥有很多金钱，但我很难做到

我们常常听到很多人说："我好想变得更富裕，我好想当大老板。"但如果我们深入地问问他们觉得什么时候会实现，很多人可能会哈哈一笑说："我就说着玩的，这很难的啦。"

这些人虽然渴望更富有的生活，但在潜意识的层面，他们是不相信的。他们不相信自己值得，也不相信自己有能力拥有更富足的生活。

比如，有些人会和我说，觉得自己的某个领导很厉害，工作能力很强，赚钱能力很强。但我问他，觉得什么时候自己可以做到同样的职位，他觉得自己好像从来没想过这个画面，好像自己和这个领导的差距非常大。

有时候，他们还会给自己找很多原因，如自己毕业的学校不如对方，自己的能力还和对方差距很大。这一类发生在潜意识层面的自我限制，会让他们回避改变，逃避机会。

可能有一个提升他能力的工作机会，但他觉得肯定不行，于是会拒绝。也许有一些学习的机会可以给他增加职场背书，但他可能从来都没认真思考过，更不要说去实践了。也许有一些高薪的岗位，但他觉得那一定不会是他的，于是连简历都不去投。

当他可以破除对于自身的怀疑，相信自己可以拥有更好的职业发展、更富足的生活时，他会有意无意间向这个方向努力，也会收获得更多。

除了上面谈到的这四个，还有一些信念会影响我们。

比如，觉得谈钱很羞耻，可能会让你在职场中不敢去争取自己的利益，或者在合作中，默默吃一些亏。但其实一开始就坦然地谈钱，并不会让别人看轻你，也不会伤害到别人，反而可以让后面的工作轻装上阵。

比如，舍不得在自己身上花钱，觉得花钱很有"罪恶感"。这背后也有"不配得感"在里面作祟，如很多人一直在网上寻找各种免费的资源，也不愿意花钱去找个专家认真、系统地咨询和学习，这背后也有对自己的不够重视。要知道，你的时间、舒适和健康比金钱重要得多。

你可能要问了："我好像意识到这些问题了，但我该如何通过调整自己的信念进而获取更多财富呢？"

二、如何通过调整金钱思维获取更多财富？

我在自己的生活或者在来访者的咨询中，通常会使用下面两个实用的方法。

（一）觉察自己的金钱信念，找到里面不合理的部分，加以改写

请你回想一下，在自己的职业发展中，在涉及钱的场景中，有没有一些让自己不舒服、难受的部分，通常这些让我们难受的场景，背后都有一些不合理的信念。

比如，刚刚我提到的案例，明明加了薪却不舒服，或者明明有赚钱的机会，却不想去做。这个时候，可以多问自己几次为什么会这样。多问几次后，你就会发现，加薪不舒服是因为觉得加薪意味着更多的责任，自己可能承受不了；不想去参与赚钱的机会，是因为不相信自己可以做到。这两个原因显然都是不合理的。

或者，你可以拿出一张纸，在前面写下金钱两个字。然后随意地去书写，想到什么就写什么，不用考虑是不是合理，是不是难以启齿，这个练习只和你自己相关。至少写满五分钟，或者写到你再也写不出来为止。

然后回过头看看，有没有一些句子表达了你对金钱的信念，认真地审视这些句子，问问自己，这些句子说的是真的吗？是百分之百绝对正确的吗？

当你觉察到这些不合理的想法，可以试着去改写，用更加积极正面的句子替代：

比如，"赚钱很辛苦"可以用"赚钱也可以是轻松的"替代。

又如，"公司就是用金钱来剥削我"，可以用"我通过公司来赚取金钱"

替代；等等。

通过这种方法，可以让你原本的信念发生松动，从而逐渐改变。

（二）具象化未来法

这是一个非常好用的方法。我在咨询中，会通过这个方法判断来访者对于自己财富的相信程度。询问来访者关于自己未来富足的生活或者职业场景有没有画面和想象，再看看这个想象的画面感是不是够具体。当来访者关于未来的想象不够清晰时，往往代表着他们潜意识也并不相信自己能够拥有。

我借助一个案例教你怎么用这个方法。

曾经有一个来访者，她在咨询中和我说，她很想要拥有自己的房子，因为自己从小到大都没有拥有过自己的房间，但她生活在一线城市，她觉得这太难了。我问她想要的房子是什么样的，她说不出来。

于是，我带着她仔细去想象了这个房子应该是什么样的，有多大，几个房间，大门是什么材质的，打开门会看到什么，有几个窗户，配什么样的窗帘，沙发在哪，家具怎么摆。这个想象非常具体。因为当想象越具体、越有画面感，潜意识才越会相信。

很神奇的是，半年后她拥有了自己的房子。她说她以前从来没有想过会拥有自己的房子，但好像经过那次咨询后，她就觉得这件事可以达成，于是无意间看到一个楼盘销售的信息，就去看了，发现自己很喜欢后，马上决定买下。买下的过程中虽发生了一些小插曲，但她通过父母和朋友的帮助，也都顺利度过。只有相信自己能拥有，才会真的拥有。

所以，邀请你想象一下，你未来想拥有的生活是怎么样的。注意：千万不要只是想象一个金钱的数字，你要去想象那个生活的环境和状态具体是什么样的，越具体和丰富的画面，你的潜意识越容易相信。你可以想象你生活的场景，也可以想象你工作的场景，你可以从任意的地方开始，但这个想象越具体越好。

如果你愿意，甚至可以画下来，或者你看到一些图片，觉得和你想象中的未来很符合，也可以打印出来，把这些图片放在身边，经常看看，提醒自己。如果一开始没有画面感也没有关系，你可以花一些时间慢慢想，或者用文字描写替代也可以。

当你的画面感逐渐清晰后，你会发现原本以为很久才能实现的目标，会在更短的时间内实现。

本章练习

不合理的金钱信念1：

____

____

改写替代的金钱信念1：

____

____

不合理的金钱信念2：

____

____

改写替代的金钱信念2：

____

(　　)年后，我的生活的样子会是：

第四章　实现路径：做一份忠于自己内心的规划

一提到职业规划，很多人的第一反应都是：我不知道自己喜欢什么工作，擅长做什么，也不知道该选择什么样的职业。这个问题该怎么解决呢?

实际上，成功的人生是可以被规划的。这一章的内容，就是手把手带你做一份职业生涯规划。

这里我们要用到一个工具，也就是理解层次模型，理解层次模型是我们大脑去处理事情和问题的逻辑层次。我在过去十几年的咨询中，用这个模型帮助很多来访者做出了一份职业规划。正在阅读的你，可以接下来跟着本章的思路走，可以尝试边读边思考边记录，梳理出适合你自己的职业规划。

这个理解层次模型不是我原创的，它最初是由格雷戈里·贝特森发展出来的，后来罗伯特·迪尔茨进行整理后，在 1991 年推出。

一、理解层次模型

这个模型一共有六个层面，从高到低分别是：系统（精神）、身份、价值观、能力、行为、环境（见图 4–1）。听到这几个词读者可能会觉得很懵，别担心，接下来，我会带你一层一层拆解。

（一）系统，也翻译成精神

系统指我跟这个世界上其他人和事物的关系。拿我自己举个例子，我立志帮助更多人找到内在自信，这句话反映的就是我和这个世界上其他人的关系、我希望对社会做出的贡献，这是一句系统层的表达。

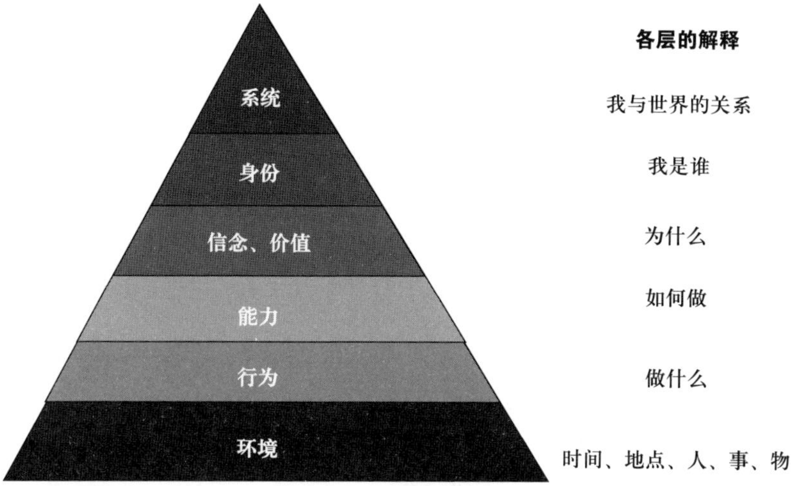

图 4-1 层次模型

（二）身份

身份指的是一个人如何看待自己，怎样去给自己定位，简单来说，就是“我是谁”，或者“我认为我是谁”“我将来会是谁”。

例如，有人说我是咨询师，我是公司高管，等等，这就是身份层的表述。

无论你要成为什么样的人，你要先确定自己目前或即将达到的身份，并且相信自己是这个身份。你要先相信你是，你才能是。

（三）信念和价值

我们活在这个世界上，可能已经有了自己认可的一些定位和身份，那么同时我们也会有一些自己认定的规则、原则，包括我们自己相信的一些东西，这些都是信念的层面。

你为什么要做这件事，这件事对你有什么好处，这些问题涉及的就是价值。

比如，有很多新人一入职场，可能会被分配很多很简单的工作，如打印文件、翻译，甚至帮领导贴发票。

有的人会觉得是领导不想教他技能或知识，或者是看不起他，觉得工作没有意义，是在浪费生命。员工觉得“这个工作没意义”就是在谈论这份工作对他的价值。“领导分配杂事就是不想教技能或知识，看不起他”就是他的信念。

相反，我曾经有位同事，当时他也是帮领导贴发票，他觉得我刚好可以趁这个工作了解公司流程，帮助他熟悉其他部门的同事。于是他真的帮领导贴完了发票，还去认识了财务部门的同事，不仅把发票贴了，还帮助领导把报销流程走完了。

他所做的远远超过领导的期待，领导很吃惊，认为他是一个很负责、能力很强的人，后续他的职业发展也越来越好。他认为“贴发票可以帮助自己熟悉流程”就是他在这件事上的价值。“领导让我贴发票，也是对我的信任”就是他的信念。

当我们讨论：为什么要做这件事情？这件事做了对我有什么好处？它对我的意义是什么？等等，这些问题都是在信念和价值的层面。

（四）能力

能力指在我们完成一些目标时，可以让我们拥有更多的选择和路径的情绪状态和技能。

需要注意的是，这个能力不止包含我们通常理解的技能技巧，也包含我们的心理状态，情绪本身也是一种能力。在这个层面，我们讨论的是如何能够做到这件事情，如何能够达到我们的目标。

（五）行为

行为指我具体去做什么，有没有做，也就是我们的能力在现实世界里的发挥，即我们的执行和行动。

（六）环境

环境指除个体之外的所有外在的条件和资源。

比如时间、地点、人、事、物，再具体点，如工作单位、家庭、金钱资源、身边的领导、同事，等等。

现在你了解了这个工具后，接下来会带你一步步做你的职业规划。你可以边看边思考边规划，也可以一次性看完后，拿着表格慢慢写。

二、怎么做一份职业规划?

（一）写系统

你可以拿出一张纸。在最上面一行写下：系统。

现在，请你思考一下，如果有两个世界，一个世界里面有你，另一个世界里面没有你，那这两个世界可能会有什么不同？世界因为有了你，里面的人或事物会有什么不一样？

或者说，你想为这个世界去贡献些什么，你想在这个世界中去改变些什么？

我曾和助理老师谈过这个话题，讲到系统的时候，她说：“赵老师，我觉得我完全想不到这个层次的内容，我太渺小了，我就想遵守法律、讲道德，能不给社会添麻烦就很不错了。”

如果你也有这样的想法，我来给你还原下这个过程，你可以借助下面的对话进行梳理。

我首先问助理老师：“你说你想成为一个不麻烦别人的人、规规矩矩的人，如果你成为这样的人了，你会获得什么？”

这个问题在前文讨论职业追求时提及过，问这个问题是想确认她内在最看重的感受。她回答我说，就是让别人觉得这个人不碍事儿、不讨厌。

“你刚才说不碍事、不讨厌，都是以‘不’开头的表达，如果我们换成‘你要 ×××’的表达，会是什么？”她想了想说，想不到该如何替换。

我说：“我猜测一下，你看看对不对。你想要别人觉得你很安全，能够接纳你。”她认同了这个说法。

你看，她在表达需要的时候是用“不”开始的，这意味着背后有很多限制性信念，这个在职场情绪管理模块我们还会谈到。

如果你也有同样的问题，可以试着换成正向词表达。

我又问她：“如果别人都觉得你很安全了，也能够接纳你了，你可以让这个世界稍微变好一点点，你会做什么？”她想了想说：“可能我能给更多的人分享一些我的经历和经验，帮助他们找到自信，找到力量。”

这就是系统层面的回答了。

然后我问她：“有了这个系统层的答案后，你内在有什么感受？”她说：“我不确定我的感受，但我的第一反应是想晚上回去写篇文章。”

这就是当她填补了系统层的内容后，会自然而然生出内在的力量，推动她在行为层发生改变。

当然，如果听到这里，你还是想不到，也没有关系。如果你有一些模糊的想法，也可以记录下来，后续随着内容的推进，当你有了清晰的想法，你可以回过头来再完善这个部分。系统层次非常高，并不是一下子就可以确定的，但系统层次的空缺并不会影响我们做出一份有效的职业生涯规划，你也可以直接进入第二步。

（二）身份

在这个层面，请你停下来思考两个问题：

- 你想成为一个怎样的人？
- 你想拥有怎样的人生？

在考虑这件事情的时候，先不要去想环境中的各种限制。你可以假设，如果你现在不缺钱，也完全不缺资源，所有的限制条件都没有时，你可能会做什么，会成为一个什么样的人，过什么样的人生？

你也可以给这个问题加一个时间限制，比如说，10 年后我希望我是怎么样的，我是一个什么样的人，我可能在一个什么样的职位，我想要达到的目标是什么？或者3年后、5年后我希望我做的是一个什么样的职位？是一个什么样的身份？

比如，你可以写，我想要成为一个受人尊敬、影响许多人的人；也可以写，我想成为一个企业家；也可以写，5年后成为团队负责人，这些都可以。

（三）信念和价值

在这个部分，你首先可以问问自己，当你拥有了目标身份，也为这个世界做出了你想做出的贡献，对你来说有什么意义和价值？

比如我刚刚说，我想成为助人工作者，帮助更多的人找到内在自信，对我来说，这件事可以让我获得满足感和成就感，同时也能给我时间上相对的灵活自由。这个就是目标对我的价值。

你还可以问问自己，坚持些什么，相信些什么是可以帮助自己达到这个目标的？这是信念层。

比如，你想成为一个团队负责人，你相信只要你坚持学习，提升能力，肯定是能达成的。或者，你相信你总是有办法处理那些过程中的困难的。这都是有帮助的信念。

必须注意的是，我们常常会有很多限制性信念。

有个朋友和我说，她曾经很想成为团队的负责人，但最近几年她不想了，因为感觉成为了团队负责人，就会很忙，承担很大的压力，失去生活。

这里面，她的限制性信念就是“成为负责人无法平衡工作和生活”。然后我和她讨论，有没有这样一种可能：几年后，她的团队更成熟了或者她的能力更强了，带领一个团队也许不需要像现在这样辛苦，她是可以平衡的。

甚至，当她能力更强的时候，可以帮助整个团队都更好地平衡工作和生活。她说，如果可以达到这种状态，便觉得成为团队负责人也挺好的。

那在信念这个层面，她就可以写下，团队负责人可以平衡工作和生活，这个信念可以帮助她达成目标。

如果你像我这位朋友一样，对自己的目标有所怀疑，你可以试着把你纠结的部分写下来，然后进行信念的调整就可以了。

能够想清楚信念和价值，可以帮助我们对自己的目标更坚定。

（四）能力

我依旧要请你思考几个问题：为实现这些目标和价值，你可以有哪些不同的做法和路径？可以做什么？不可以做什么？还需要学习什么技能？

比如，为了成为心理咨询师，你可能需要去学习咨询技术，学习精神分析、认知行为等理论，需要培养倾听的能力等。

再如，为了成为团队负责人，你可能需要提升业务开拓能力、团队管理的能力，又或者需要很强的专业技能，这里面也许你现在都具备，也许只具备其中一两个。但你可以去补强一些能力。

（五）行为

为了实现你的目标，结合你的身份、信念和价值、发挥你的能力，你打算如何去行动？你的计划是什么？第一步的行动会是什么？如果今天，最晚明天就开始行动，你会怎么做？

在这个部分，你不需要设置很宏大的目标，可以先从微小的行动开始。比如做一些信息的搜索、打一个电话、和一个朋友见面等。

这里依据的是“奖赏效应”：如果我们设置一些小目标，并且能够达成目标，大脑会向负责决策的区域发送“奖赏”信号，这会促进人的认知能力进一步提升，形成良性循环。所以，一开始我们可以小步启动，只要做了，就给自己一点小肯定。

（六）环境

现在，再想一想，在你的环境中，有哪些资源可以帮到你？可能是一些人，也可能是一些事，或者一些设施、资料，等等。

比如，去和比我们知道更多信息的人聊一聊，你的同事、同学、前辈、老师等。或者，参加一些论坛、一些行业聚会。又或者，可以去关注一些领域内的大V，多关注相关领域的资讯，多汲取一些有价值的信息，等等。

好了，到这里，我们就完成了这六个层次的规划，你可以回过头将它们从上到下反复地看几遍，然后闭上眼感受一下，内在是不是有一股力量涌上来，是不是比之前更有画面感了？

三、如何让你的职业规划顺利进行？

现在规划有了，如何能保证你能按照规划实现目标呢？

（一）职业规划要从高到低贯通六个层次

如果我们在做职业规划的时候，能贯通这六个层次，你的内在力量和行动力都会有很大的变化。相反，如果你在某些层次上有所缺失，你可能会感到迷茫。

我曾经遇到过一个来访者，他在职场中遇到了很大困境，他觉得自己无法改变、全身充满了无力感。一开始问他原因时，他说，经济环境不好，社会不公，机会不好，时间不对，等等。你应该也注意到了，他谈论的问题大多聚焦在环境这个层次。

当人聚焦在环境层次，不愿意跳出环境这个框框，往更高的层次看时，会产生很多的无力感，也很难做出有效的行动去改变现状。这样当然会生活得很不开心了。

于是我问他："如果所有这些坏环境都消失了，你真的达到了职业目标，你会得到什么？"

他说："更多的钱，还有成就感。"这可以看作价值层面。

但再继续，会发现他谈论的内容几乎没有涉及信念、能力和行动，在他的理解层次模型中出现了缺失，感到迷茫也很正常。

后来，通过咨询，他慢慢补足了信念、能力和行为的模块，如他过去觉得，经济环境不好就没有机会，后来这个信念被调整成“当经济环境不好的时候，我必须更有竞争力”，因此他也尝试了很多过去自己不敢触碰的工作模块，学习了过去自己欠缺的技能，职场发展也有了转机。

如果我们的职业生涯规划只聚焦在环境层面上，我们可能会很难有大的突破。想要一份既符合自己内在潜意识又能实在落地的职业生涯规划，我们需要贯通这六个层次。

需要注意的是，如果你的贯通方式是从低层次到高层次，那么你会发现这份规划充满了限制和困难。一份成功的职业生涯规划需要从高的层次往低的层次进行规划，这样的规划方式可以更好地照顾到你的潜意识，并且充满了可能性。

刚才我们的方式是从上到下开始的，如果后续你想自己操作，也注意要从高层次到低层次进行规划。

（二）从高层次的视角去解决低层次的问题

当你完成这个规划后，也许你会发现，在某些层次上，你可能也正在遇到一些挑战，或者在某些层次上会遇到一些卡点，我们可以通过理解层次模型解决。

首先我们看看，这个卡点处在哪个层次，层次越低的问题越容易解决。

比如说，在职业发展中，可能你遇到的领导很苛刻，或者你所在公司的薪酬制度不合理，又或者工作地点非常远。这些问题都属于环境层面。

从理解层次的角度说，这些都比较容易解决。因为，针对低层次的问题，只要我们能从更高的层次去思考和改变，就比较容易找到解决方案。

就拿“领导很苛刻”来说，这是个环境层面的问题。而如果我们寄希望于环境发生改变，如换个领导，或者某天他忽然变得和善，但这可能需要一些运气。

如果我们从行为层去解决的话，那我们可以把工作做得更完美，然后减少他苛责的机会。

那如果从能力层看的话，可能你需要提升你的沟通能力，让领导喜欢你一点，对你好一点，或者你的能力更强，有很多部门或者其他公司抢你，你离开他也会变得容易。

如果从信念、价值层解决，你可能发现，领导的苛刻并不是针对你一个人，而他的这种苛刻其实对于能力的成长是很有帮助的。

当你调整了信念，不觉得领导在刁难自己，你可能马上就不会在意领导的苛刻了，而聚焦在如何能达成自己的目标提升能力了。

如果从身份层解决，你未来是想成为这家公司高管的，晋升的路上可能会遇到形形色色的领导，这是积攒经验的过程；又或者，你觉得自己迟早会成为他的领导，现在先不和他计较了。这样一来，你的感觉会完全不一样。

所以我们可以看到，从相对比较高的层次去思考，是比较容易解决低层次的问题的。

但反过来，如果我们遇到一个高层次的问题，要从更低的层次去寻找解决方法的话，通常是不会奏效的。

有的人在进行职业规划的时候考虑成为心理咨询师，但有很多限制性信念，比如觉得有了足够的钱才能开始学习，或者等孩子大一点才能开始学习，或者觉得自己的学历太低，肯定做不到。如果不从信念和身份层找答案，只聚焦在环境、行为和能力层，则需要换个又轻松、钱又多的工作，然后等待心理咨询工作降低从业标准，那么成为心理咨询师就遥遥无期了。

而且，如果他们只是在下面三层挣扎，哪怕他们短期能够逼迫自己去学习、做一些努力，但也会发现很难逼迫自己一直去行动，因为一旦遇到一些现实的阻碍和障碍，就会带来一些负面的情绪，甚至一些自我质疑，会让他们更加回避问题。许多人可能都有过这种恶性循环的体验。

实际上，在我学习心理咨询的过程中，包括我身边的很多老师，我们都经历过工资低、工作忙、一边工作一边照顾孩子一边学习的阶段。我也见过很多老师是通过继续教育的方式获得了更高学历并成功执业。如果这些事实能够松动这些朋友的信念和身份层，那他们很快就会找到解决问题的路径和方法。

（三）肯定自己要从上三层，否定自己要从下三层

我们还需要注意，在执行职业规划的过程中，不能无意间给自己设置障碍，尤其是高层次的否定。

我曾经有一个学员，他是一位工作超过 10 年的理财经理，在他的工作中，每天都需要给客户打电话，这个过程中难免会遇到一些拒绝，甚至一些态度很恶劣的客户。每当这种事情发生的时候，他都非常困扰，甚至会影响自己一天的工作。

他问我这是为什么，他明明喜欢这个工作，但就是这种情况他处理不了。这位理财经理所遇到的困难，就发生在身份层，当他给客户打电话时，他发生了一个身份冲突，他认为现在打电话给客户的人，很多都是传销、诈骗的人。他觉得客户拒绝他，是因为觉得他是个骗子。身份层次的否定是深层次的否定，所以他很痛苦，觉得自己很糟糕。

于是，我建议他从两个层面改善：

第一个层面是坚定自己的身份定位，相信自己是专业的，自己是能帮助到客户的。客户拒绝接他的电话，是客户的损失，因为客户不知道他有多棒。

第二个层面是从低层次去解释客户的拒绝。比如，客户就是心情不好，

我打电话的时机可能不对——这是环境层；我可以先分享一些客户关心的信息——这是行为层；我需要改善一下我的电话沟通技巧——这是能力层。

对管理者来说也是一样，如果希望你的员工具有工作热情，当批评员工的时候，千万注意要避免从系统、身份和信念价值层去批评他。比如，你这样的人根本干不好这个活——这是身份层的批评；你就是态度有问题——这是信念价值层。这些批评的杀伤力都不小，会打击到员工的积极性。

我们把批评尽量聚焦在行为和能力的层次，无论是自己还是别人，都会更容易接受一些。

反过来说，当我们自己，或者我们的员工、同事做得很好，想要去表扬他们的时候，要尽量聚焦在上三层。比如，我就知道你是最棒的产品经理，我特别欣赏你为客户负责的态度，你总是这么认真，等等。

你也可以对照看看，自己在职业规划中的那些卡点，是不是我们无意识的自我否定造成的。如果你有做得不错的地方，也从上三层肯定一下自己吧。

需要提醒的是，阅读本书的读者，不要怀着读完某一章节，就立刻解决了所有问题的想法。一方面，从心理学上说，人们现在的认知模式、行为模式是几十年来养成的，调整这个模式需要慢慢地积攒，量变才能发生质变；另一方面，职业是个系统，后面的章节会继续分析具体的职业场景，继续梳理各类职业生涯问题，也会再一次松动你的潜意识，改变也许就悄悄来了。

本章练习

制定自己的职业生涯规划

理解层次	职业生涯规划
系统（我同世界的关系）	
身份（我是谁）	
信念、价值（为什么）	
能力（如何做）	
行为（做什么）	
环境（时间、地点、人、事、物）	

模 块 二

成为人际关系管理高手

现代心理学之父阿德勒说："人的一切烦恼，皆源于人际关系。"如果能够轻松处理人际关系，我们不仅能在职业发展中感到更快乐、更轻松地达成工作目标，甚至还能通过良好的人际关系获得更好的机会。

第五章　PUA还是正当管理：如何同你的上级相处

说到人际交往，在生活中，有一部分人可能会觉得，自己很内向、很“社恐”，和别人打交道天然会觉得不舒服，因此会尽量避免在人际交往上的时间投入。我非常理解这类朋友的想法，同时在人际交往中难受的感觉，有时候并不一定是真实的，或者说，难受的程度并不一定和实际的情况相匹配。在这个模块里，我会从每种行为背后的心理特征出发，首先让正在阅读的你能从不同的角度理解自己，也能理解他人行为背后的心理原因，然后分享一些不同层次的方法，方便每个人找到适合自己的方法去实践，这样不仅可以有好的效果，也会感到相对比较轻松。

我们先来看看如何跟上级相处。

在每个人和领导相处的时候，总会有这样和那样的困扰，比如说：觉得领导过于严厉，不尊重人；觉得领导事无巨细，很啰唆；觉得领导每天给你很大压力，从来不关心、不注意你；觉得领导不公平，担心领导不喜欢自己等。

这些问题，不排除有一些现实的因素，但其中有很大一部分和每个人的内在心理相关。

在我这些年的咨询经验里，我发现影响每个人和上级相处的主要有三大层面的因素：第一个是个体的投射；第二个是每个人的错误认知；第三个是个体和领导的行事风格及性格的匹配。

一、个体的投射

我们和上级的关系，往往会投射我们和父母的关系。

什么是投射，投射指我们内在的心理行为特征，我们认为别人身上也有。我们会把和父母相处的模式不自觉地代入到和领导的相处上，从而影响我们对待领导的态度，以及跟领导沟通相处的模式。

比如说，如果你特别害怕领导，有可能就是你的成长经历中有特别严厉的父母；如果你总担心领导挑剔你，有可能是你的父母总是在挑剔你；如果你对领导充满了怨气，可能跟你对父母有很多压抑的情绪没有表达有关。

我在职场中见过一些人，在他们的成长经历中，可能是被父母过度保护的，平时缺少独立生活、独立处理困难的机会，养成了过分依赖的性格，于是到了职场上开始依赖领导，凡事都希望领导给安排，对自己的领导也会有非常高的期待。

那除非他遇到一个恰好喜欢被依赖，又爱照顾人的领导。否则，大概率他会感觉到失望，感觉到不被关心，感觉适应不了工作压力。这种依赖的心理，也可以说是一种对父母依赖的投射。

分享到这里，你可能会很好奇，那如何判断我们是否把对父母的关系投射在了和上级的关系中呢?

有两个方法：第一个，你反复在不同的领导身上，体会到类似的心理感受，可能就是对父母关系的投射；第二个，只有你对领导有某种感受，其他人没有感受到，如果没有其他的客观因素影响，那就很有可能是你把对父母的关系投射在了和领导的关系中。

二、错误认知

除了对父母关系的投射，还有一些我们个人的错误认知，会阻碍我们和上级沟通相处。

（一）领导应该什么都知道

有些人把领导看得过于强大。他会觉得，领导应该是懂的。我所有付出的辛苦，领导是应该知道的，或者是自己有什么需要、遇到什么困难，他觉得这个领导都应该看在眼里，应该主动帮助我去解决。

但实际上，领导也是普通人，他也有自身的限制和盲点，他不一定能对自己部门里发生的事情都有清晰的了解，更不要说员工个人的内心活动了。有些人觉得经常向领导汇报工作，有溜须拍马之嫌。其实，这是我们过于狭隘地定义了和领导的沟通。多和领导沟通就一定是溜须拍马吗？和领导沟通，可以让领导知道你工作的进度，让领导知道怎么更好地帮助你、支持你，这对于你们双方来说，对于部门目标的达成都是有帮助的。

所以，当你觉得领导应该知道什么的时候，最好是你亲自告诉他，而不是默默等待他自己发现。

（二）我提出的需求，领导都应该支持我

这类认知很常见，特别是有时候，这个需求和要求提出的出发点是好的，是为了工作完成得更好，对领导布置任务的完成是有帮助的。

但这个时候，如果被领导拒绝了，或者领导的响应不是很积极，有的人可能心里就不太舒服了，觉得领导不重视自己的工作，或者觉得自己的热情受到了打击。但需要知道的是，领导的时间、资源是有限的。不一定是领导不想支持你，而且，他必须优先去完成目前对他来说最重要的那些任务和目标；你这部分的需求不是他不想做，而是他现在还没有足够的资源可以去满足。

我曾见过不少人，当他们从大公司跳槽到一些新兴的公司时，或多或少都会遇到这类问题，在大公司，流程更完备，分工更明确，但一个初创新兴的公司，各方面条件有限，很多的资源和支持，不是领导不想给，而是领导手上也没有这些资源。

这种时候，你就不能过于纠结领导的态度，也不能等万事准备好再行动，因为资源是有限的，公司不可能把大量的资源投在一个还不知道结果的项目上。要么你口才很好，可以说服领导这件事对公司是多么重要，但我觉得大部分人都不一定能有这么好的口才。

更现实的做法是聚焦到现在资源可以满足的事情上，先有一部分小成果让上级看见，拿着小成果，让领导对项目的未来有预期后再争取资源，会更有利于工作的推进。

（三）认为向领导求助，会让领导觉得我不行

这种想法背后，隐藏着自己的完美主义，期待领导分配下来的任务，应该是可以不求助任何人，依靠自己去做好的。

如果自己真的遇到困难而向领导求助，似乎是向领导展示弱点和脆弱，显得能力不行，可能会让领导不喜欢自己。

实际上，作为领导来说，如果他的下属都可以完美地完成所有的工作，那他也没有什么存在的必要。

向下属提供必要的支持和帮助也是领导工作职责的一部分。心理学上有“白壁微瑕”效应，是指小小的失误反而会使有才能的人的人际吸引力提高。当你向领导寻求帮助的时候，即使是我们展示了一部分不足，也不会让你的领导对你这个人产生彻底的否定，相反，会增加你们的亲近感。

（四）认为领导在刻意针对自己

现在有很多关于职场 PUA 的讨论，所以有一些朋友，他会怀疑：领导对我这么严格，他给我分配这么多任务，是不是在刻意针对我。

当然不排除，是有一些极端的、恶劣的上级存在。

这里我先解释下 PUA 的特点。第一个特点是打压你，让你承担过度的责任，好像你做错一件事会毁了公司、毁了你自己的人生。而且不是就事论事的批评，而是抨击你的人格，或者你的价值观，让你觉得不是我这件

事做错了，而是我这个人有问题。

第二个特点是强迫你接受错误的观点和价值观。通常这些错误的观点和价值观都是很绝对的描述，类似“下属就应该接受上级所有的安排”“你学历再高也没用，你完不成领导的安排就是你这个人没用”。

第三个特点是过度控制你的行为。比如，你假期要不要回家，平时要不要给家人打电话，晚上和男 / 女朋友去哪儿约会，这些都和职场无关，都是你个人的私人生活安排，如果上级对你的控制已经越界干涉到不该涉及的领域，甚至让你有失去自由的感觉，那就很有问题了。

面对 PUA，第一，要敢于离开。通常 PUA 别人的人，人格都有点不太健康，不是专业人士，长期在这种环境里对自己身心伤害很大。

第二，要多去观察周围，和环境外的朋友多沟通，帮助你客观地识别对方的话是不是真的。比如，前面讲的，你做错一件事对部门、公司造成巨大伤害。如果你是丢失了占据公司业务 30% 的大客户，这么说是合理的。但如果你只是个入职一两年的小员工，你只是写写文档，做做普通沟通，你有什么能力承担如此大的责任？要么是公司不行，要么是领导有问题。

第三，还是自己内在要强大，相信自己的价值，不会被别人一两句话影响。你说我不行我就不行吗？凭什么给我下定义？要能有这种底气才可以。这个也需要大家长期持续的自我成长，把自己的内在培养强大。

关于 PUA 简单分享到这。大部分的领导一般不太可能故意 PUA 员工，他每天也是有很多的事情要忙的。他负责部门的业务可能涉及好几百万元，甚至上千万元上亿元的业务。他每天也要处理自己的工作，也要应对自己的上级，也有自己的 KPI 去完成；如果他是一个老板的话，那他可能每天都在操心自己公司的运作、关心自己生意运行的状况。他还有很多家庭方面的事情需要处理。他如果都把精力聚焦在如何针对一个下属身上，理性看，这确实是一件没什么道理的事情。

如果领导只是个普通人，而自己觉得被针对了，可能是我们潜意识中的自恋，过于看重自己对于别人的影响。而实际的情况，可能对方根本没有想那么多。

以上是关于不同的认知错误会给我们造成同上级沟通相处的阻碍。

三、我们和领导的行事风格及性格的差异

有一种情况，会给我们和上级的相处带来障碍，那就是性格与行事风格的差异。比如，社牛的领导遇到社恐的下属，要求下属必须积极和客户社交，对下属来说可能就很痛苦。或者一个严谨细致的领导遇到一个大大咧咧、粗枝大叶的下属，对下属来说，可能会觉得领导过于苛刻，总是对下属挑剔批评。

前两天，我的两位朋友分别抱怨了他们的领导，很奇妙的是，他们跟我抱怨的事情是完全相反的。

其中一位，抱怨他的领导，每次布置任务的时候都讲不清楚到底要干什么，非常的粗线条。

他好不容易做完计划后，领导又觉得和他想得不一样，然后临时提出很多修改意见，而这位朋友又是一个非常细致的人。所以每一次的这种调整，他都会花很多的时间去完成。领导这种临时的变化，给他增加了很多无谓的工作量，让他很苦恼。

与此同时，另外一个朋友抱怨，他的领导过于追求细节，所以他在做一些方案策划的时候，他觉得领导过于纠结在细节上面，而对于他们的创意创新视而不见，感觉打击到了自己的积极性。

两位朋友的抱怨，其实都是他们和领导之间的性格与行事风格差异造成的。因为性格和行事风格的不同，导致他们和领导在看同一件事情的时候关注的重点不同。而这两位朋友，基于我过去和他们相处的经验，他们

也有一个共同点，就是在他们的内在动机中，都是比较需要他人的正面评价的，需要通过正向评价来获取激励。

如果你也遇见了这样的事情，想改善这种不舒服的感受，有三个关键点。

（1）要意识到，领导跟自己的性格和行为模式是不同的，所以，这样的差异，带来的一些不同的关注，并没有绝对的对错和好坏，也并不是对我们工作的一个否定。

（2）可以去试着寻找一下领导行为模式的背后的规律性。比如说，他每一次类似的事件中，他的反馈或者是他所关注的点是什么，他满意的工作中又有哪些相似的点。我们把这些有规律的地方找出来，在下次的工作中去加以注意，就可以去提升我们跟领导沟通的顺畅度。

（3）你要知道，和领导的性格、风格不同也是非常大的优势。因为这样就和领导形成了互补，会更有利于工作的推进。所以，我们在考虑到领导风格的基础上，在他不擅长的部分发挥你的特长，你可能会成为团队中不可替代的关键成员。

到这里，我们谈论了三大类可能会阻碍我们和领导相处，阻碍我们构建更好人际关系的一些内在障碍。第一是可能投射了我们跟父母的关系；第二是我们一些内在的错误认知；第三是和领导性格、风格不同带来的一些差异。

那到底该如何和领导相处比较好呢？能让自己心理上更轻松，也更能出工作成果呢？

如何轻松和领导相处，并作出工作成果？我教你三个方法。

1. 把领导看作自己的资源

管理学大师彼得·德鲁克说过，“你不必喜欢、崇拜或憎恨你的老板，你必须管理他，让他为你的成效和成果提供资源”。

因为领导也是权威的一种，有时候我们会对领导产生权威效应，“人贵言重”，觉得领导说得都对。又或者，出于对权威的反抗，会不自觉地把自己放在和领导对立的位子上，好像工作就是要和领导斗智斗勇。

这些都没必要，领导也是普通人，不用过度地惧怕他，也不用过度地仰慕他，他就是我们身边的普普通通的人，我们有的烦恼领导也一样会有。

但在公司里，领导确实是比我们拥有更多资源的人，我们可以把领导看作我们的资源。比如，领导也许可以给我们提供专业支持，可以帮助我们向公司争取资源，甚至有一天，领导晋升了，他可能也会给你更好的工作机会。哪怕这些领导都做不到，那你至少也可以从领导那了解更多老板的信息、其他部门的信息等。

所以，彼得·德鲁克提出“向上管理”，下级不一定完全被上级管理，下级也可以管理上级，鞭策上级为下级努力。

2. 和领导沟通的时候想想领导的需要是什么，尽量站在领导的立场或者部门和公司的立场

只要和领导的需要有关，能够站在部门和公司的立场，领导都会耐心听下属的建议。因为这件事情是他确实关切的，在他的事务优先排序中，是可以排在比较高位次的。

曾经有一家公司，这家公司当时的利润压力比较大，老板想砍掉培训部、行政部、运营部等部门的人力和费用，用以降低成本，提高利润。培训部团队负责人就找到老板，他对老板说，今年公司的利润目标实现，大部分还是依靠销售团队努力提升业绩达成的，但目前公司的销售新人也很多，等待这些人成长需要花费很多的精力和成本，如果我们销售团队的队长们，不能全身心地冲在外面拼业绩，而需要把一部分精力分散在培养新人上面，真的是很可惜。我觉得每个销售团队都需要配备一个培训老师，协助销售队长把他们的销售经验整理成案例、课程，同时制订严格的培训通关计划，帮助销售新人快速成长出单。结果他的培训团队，在公司利润压力很大的情况下，不仅没有缩减人手，还扩张了，而老板和销售团队的负责人也都对他的工作很认可和满意。

3. 找到你和领导一致的目标

有时候因为角色、性格、沟通方式不同，其实双方最终的目标是一致的，但表达出来确实不一样。要能够透过表面看本质，找到一致的目标，再开始深入讨论。

领导的目标从大的方面说，无非是业绩更好，团队更强，从私人方面说，就是希望多赚钱。另外，要让大老板看到他的成绩。

很多时候我们和领导都是希望部门的工作完成得更好，只是大家完成工作的路径角度不同，再加上表达的方式不同，最终导致双方的不满。

我们需要穿透情绪，穿透表达的方式方法，看到领导最终的目的是什么，因为大家的最终目标通常是一致的。

我作为企业顾问，就曾遇到过一位同事，他的工作能力很强，业绩也是团队第一，但他总是和他的领导起争执，他觉得领导看不起他，总是挑他的毛病。

在我和他的领导深入交流中，我认为他的领导并不是一位小肚鸡肠、心胸狭窄的人，而且这位领导本身的能力也非常不错。于是，我找了一个非正式的场合，三个人一起喝茶聊天，趁这个机会让他们把话说开，引导他们表达各自的出发点，想达到的目标是什么。

原来，这位领导觉得他的能力已经很强了，如果他还想有进一步的发展，就必须改变原来单打独斗的工作方式，学会利用团队的力量去发挥更大的能量，毕竟一个人再能干，也都是有极限的。

而同事看来，别人的业绩都不如我，但为什么每次领导都找我毛病，你都没说啥。这次沟通后，他明白了，原来领导和他的目标是一样的，都是希望他能业绩更好、收入更高。明白这一点后，他对领导的情绪就不见了，那天下午他和领导深入地聊了很多，也具体细致地沟通了后续的改进方向，和领导之间的信任感增强了。后来他告诉我，他已经成为了领导的左膀右臂，他们一起完成了很多项的业绩突破。

本章练习

今天的练习是，邀请大家对自己和领导的关系做个梳理。

上级可以给我的资源	
我的工作对部门的价值	
我和上级共同的目标	

第六章　向下管理：如何成为有魅力、有成果的管理者

上一章，我们分享了怎么跟自己的上级相处，这一章谈谈我们如何向下管理。我会分享在职场中和下级相处的过程中会遇到的一些场景，以及背后的心理活动。当然还有一些帮助我们管理更顺手的小技巧，帮你成为不仅受尊重，而且能带领团队获得成果的管理者。

如果你还不是管理者，你可能会说："这些内容对我有用吗？"我必须要说，太有用了。如果你都不知道领导的内在需求和管理模式，你怎么能够有效回应领导，更好地理解他的思维和目标，很好地完成工作呢？

所以，只要你身在职场中，不管你是不是管理者，都需要知道如何成为优秀的管理者。

我们来聊一聊常见的几类管理者角色误区，以及背后的心理原因。

一、三类管理者角色误区

（一）保姆型管理者

这类管理者在工作中，会非常照顾下属，关注下属工作和生活的方方面面，甚至，他可能会做出很多的自我牺牲，把很多的工作都承担在自己的身上。

我之前遇见过一位管理者，在我去他们单位培训的时候，他课间就很苦恼地跟我吐槽说："赵老师啊，我真的是为我们这个部门操碎了心，上上下下所有的事情他们都来找我啊，甚至说句难听的话，连换个打印纸，厕

所的手纸没有了，他们可能都会来问我，都会让我来干。”

你看，这就是非常典型的保姆型管理者。

对于这类管理者，从心理学上看，一般可能有两个原因。

第一个原因是，这样的管理者非常看重人际关系，或者说他过于看重是否会被下属喜欢，甚至重要到让他忽略了作为管理者应该去完成的、去关注的主要目标。

第二个原因是，这类管理者不习惯以管理的方式创造价值，或者说管理者这个角色中，他自身可能也有一些茫然，不知道一个管理者该做什么、该如何去做，这种时候，难免心中会有些不自信，可能还会有一些焦虑感。不自信的感觉会让他担心身边的下属会如何看待自己，而照顾下属甚至是讨好下属，避免下属对自己不满。焦虑感会促使他们去行动。处理工作中的琐事可以为他们带来成就感。这种心理上的即时奖励，也会多多少少安抚他们内在的焦虑和不安。

保姆型的管理者追求被下属接纳，因此也会为了下属承担和付出很多。但大部分时候，下属却并不会因为这个就去感谢他和喜欢他。这类管理者自己内在的价值感，也并不能得到充分的满足。这是因为，大部分员工的工作需求主要有三个，第一个是赚钱，第二个是成长，第三个是社会关系的需求。大家对于日常工作的琐事并不会太在意。

保姆型的管理者分散了太多的精力在日常琐事上，在部门目标达成和发展的关键性思考及执行上是有所缺失的，自然在员工赚钱和成长的需求上缺少支持。而且，因为管理者自身对关系的渴求，也让他们会更关注如何避免冲突，很容易忽略建立更深入的人际关系，比如，觉察到团队内部的冲突，能够居中调解；和团队成员深入沟通了解他们真实的想法，从而给予恰当的支持……这些需要深度的关系链接才能去处理，而保姆型管理者精神内耗过大，通常是无法做到这些。

所以，保姆型的管理者，大多只会吃力不讨好。

（二）大销售类的管理者

这类管理者往往是一个业务能手，他会把部门大部分的业绩都扛在自己身上，员工在他的团队中，也会过得很舒服。

但是，这类的管理者也有他们的苦恼。

业绩指标是年年增长的，全靠自己这个火车头带，自身压力会越来越大。而且，一个人的能力总是有限的，你再强，一个人能完成十个人的业绩，你也完成不了一百个人的业绩，如何能够更上一层楼呢？

因为核心业绩都是管理者负责，团队里的成员会因为缺乏锻炼而成长缓慢，变相地增加管理者的压力。

这类管理者为什么会这样？一般来说是因为形成了心理上的路径依赖，就是说习惯采取过去行为的模式，而忽略了角色和环境的变化。

以前他可能是个优秀的业务员，当了管理者后，习惯性去做自己擅长的事情，从而变成了一个“大号”的业务员，忽略了自己作为团队管理者的角色。所以，大销售类的管理者，可以成功一时，却很难再进一步。

（三）保安督查类的管理者

这类管理者，他们的日常做法是简单地把上级指派的任务，像传声筒一样传递给下级。在下级工作的过程中，也不给予支持和指导，每天只是做督促员工工作。如果员工没完成任务，就只是批评；如果员工有反抗，就只依靠职位去压迫员工。

这类管理者从内在来讲，还是对自己的能力不够自信，所以会过度地依靠职位带来的权力压迫员工，因此会对员工的反馈很敏感。下属有异议或者是有些情绪，就可能认为下属在挑战权威；如果下属不服，但又不知道该如何处理，于是只能依靠强压，造成恶性循环。所以，保安督查类的管理者，外表很强势，内在很空虚。

至此，我们讲了最常见的三类管理者，分别是保姆型、大销售型和保安督查类的管理者。如果你是其中的一种，又想要改变但找不到方法，那下面的内容也许可以帮到你，我们来谈谈该如何走出管理误区，和下级建立正确的关系，成为既受尊重又能带领团队获得成果的管理者。

二、如何与下级相处

（一）第一，也是最重要的，要明确团队的目标以及团队中每个人的目标

管理者一定要知道，自己的职位起到了“承上启下”的作用。

首先，是要“承上”，团队最终的目标是为公司的整体发展服务的，要把这个目标放在第一位。

其次，在这个基础上再去“启下”，也就是说，你要让下属明白，为了达成团队的目标，团队中每个人需要完成的目标是什么，要如何去做。如果在这个过程中，能让下属看到自己可以从过程中收获什么，帮助下属把个人目标与团队目标相结合，这就更好了。

作为一个管理者，当你被分配到一个团队目标的时候，不能简单地将目标“一刀切”，只是机械地把小团队的目标分配下去。你需要仔细地思考这个目标达成的路径，将大目标拆分的步骤和模块，然后匹配下属的能力，把小目标分配到每位下属身上。同时提前思考，下属完成这个目标的动力是什么，可能会遇到的问题，以及自己可以给到的支持。

你可能会说，听上去简单，到底该怎么做呢？

我和你分享一个非常优秀的管理者的经验。在他带团队的过程中，她会先和每位同事聊聊他们的家庭状况、每个月的花销、未来的规划，然后根据下属的回答，带着他们一起规划，如何通过现在的工作实现这些人生目标。

通过这个过程，员工在领取任务、目标的时候会更有内在动力。

明确目标不是简单地把任务分配下去就可以了，我们需要和员工确认他们是否清楚目标达成的路径和方法。

我曾经接手销售团队，公司给我下达了一个目标，是过去销售团队从来没有达到过的，比他们过去完成的任务翻了一倍。

我当时先和每个人简单聊聊，了解他们的背景和需要。我分别为每个人计算了如果达成目标可以获得的收入、收获的成长，也和他们探讨了如果达成目标，他们的生活将如何改善。

我告诉他们，公司在新一年，会引入资源支持，给到他们更多的客户名单资源开拓。我提前计算了他们过往的营销成功率，他们每天只要找到5个意向客户，成交1单就可以完成任务。这5个意向客户也并不难找，因为公司会提供免费试用的资源，只要利用好这些资源，获取意向客户并不困难。

通过这个过程，他们发现原以为很困难的目标，似乎真的是可以实现的。后来他们果然完成得很好，在那一年，他们不仅完成了目标，还比预期目标超出了很多。

（二）要建立统一的原则

即使员工知道了团队的目标，知道了自己的目标，在具体目标达成的过程中，由于员工性格和经验的不同，执行的方式、遇到的问题也会有差异。

如果管理者不能建立统一的原则，一方面，在管理的尺度上很难统一和把握，自己很累，下属也会比较茫然，甚至有时候因为尺度的不统一，管理起来会让下属觉得不公平；另一方面，对于工作中的问题和突发事件，可以基于统一的原则处理，而不是根据问题的不同，个性化地去处理。

原则不是简单的规章制度，一旦建立，就要坚持执行，不能轻易退缩和改变，除非这个原则被证明是绝对错误的。原则可以补充和完善，但原则不需要百分百解决所有的问题，因为总是有一些特例和偶然存在，只要一条原则可以应对大部分的问题，就值得建立。

建立原则的方法有两个：

第一个，对部门经常性出现的问题进行归纳总结，找到比较妥善的处理规则，进行总结提炼，就得到一个原则。比如，一个团队内部打小报告成风，内耗严重，管理者接手的时候就可以建立一个原则，所有问题都可以在公开会议中讨论，但严禁在当事人不在场时非议其他同事。

第二个，可以从成功经验中来。大部分职场中的问题都不是单一个例，背后都有类似的规律，可以从过往或者其他人的成功经验中选取适合自己团队且被成员认可的，将其确立为团队统一的规则。

比如，管理者将工作任务分配下去，这时候有员工请假说，今天身体不舒服，或者家里有什么事。如果刚好遇到一些紧急任务，可能需要其他同事来承担。这时，如果管理者随着心情来，今天批准这个人请假，明天不批准那个人的假条，团队里难免就有微词。

在我的团队中，基本的原则是，基本的客户联络和维护动作必须达标，这是原则底线。如果临时有事请假是可以的，但每天 5 个意向客户的挖掘是必须完成的。

下属可以选择通过提高沟通效率完成任务，也可以选择分摊到其他时间去完成，但最晚推迟不能超过一周。如果发生特殊情况，导致必须当天解决的情形，可以请其他同事帮忙，但由此产生的业绩奖励则由这位同事获得。

这样一来，既能保证工作目标的实现，又具有一定的灵活性。

总之，过于个性化的处理，管理者就会变成救火队员，时间被切割成一块一块的。有了原则，长期执行下去，下属也会清晰地知道自己该如何去做事，遇到问题也容易形成统一解决的思路，减少“灭火”这类事情。

（三）剥去被下属的情绪包装过的信息，客观深入地获取信息，做出符合客观规律和事实的决策

管理者是一个团队中人际关系的中心，也会受到团队成员情绪状态的影响。作为管理者，我们要接纳下属的情绪，同时注意不要被下属的情绪影响，从而忽略客观事实，甚至影响自己的判断。

比如，有一家公司刚推出一个新产品，需要一线的销售先去和客户介绍推广一下。销售人员回来以后，就和领导说：“这个产品太糟糕了，客户都不喜欢，公司就知道折腾我们一线。”

这句话看似是描述事实，实际上里面包含着下属的个人情绪和观点。

有时候，如果推广工作比较辛苦，下属在公司的资历又比较深，在团队中有一些影响力，那么，这样的情绪很可能会波及整个团队。

这时，如果我们的管理者被下属的情绪感染，可能就会陷入焦虑：“哎呀，这个产品这么难卖，公司又逼着我，我该怎么办呀？下属看起来太辛苦了，我怎么开口和下属说呀？公司真的就是折腾我们。”

实际上，如果我们能保持客观冷静，你就会发现，有太多的事实还需要我们去确认：

- 下属向哪些客户介绍了？
- 他是怎么介绍的？
- 有多少客户明确表达了不喜欢？
- 有多少客户的态度是比较模糊的？
- 客户拒绝的原因是不需要，没听懂，还是因为什么？
- ……

所有这些客观事实，都需要管理者进一步去询问和确认，甚至有时候，需要管理者亲自调查，而不是被下属的情绪困扰，简单粗暴地得出“不好

卖”的结论。

实际上，工作中的很多困难都是个人的想象，管理者需要做的是，剥去被情绪包装过的信息，客观深入地获取信息，做出符合客观规律和事实的决策。

（四）定期与员工面谈沟通，尤其是一对一沟通，可以帮你更加了解员工的工作和心理状态

要知道，下属的工作状态很容易受到自身状态和情绪的影响，作为管理者需要关注团队中每位成员的工作进度、情绪状态，而一对一的面谈沟通，就是最好的方式。

为什么是一对一，而不是通过部门会议的方式呢？这是因为，只有在一对一的时候，我们才有机会深入了解下属内心真实的想法，同时去了解下属的思考模式，发现其中的卡点误区，加以引导纠正。

只有我们从下属的情绪、思维方式的角度切入，才能真正从内而外地引导和影响下属。如果我们只是通过部门会议，或者日常偶尔几句简单的沟通，是没办法真正了解下属的需求和困难的。

曾经有位同事，她因为觉得缺少成长的空间，于是要求调离原部门，她的领导其实也很尽责，一直在努力地争取让她留在自己的部门。但是，这位领导一直从金钱的角度和她沟通，描绘了很多美好的未来，最终她还是毅然决然地要求调离。

她搬工位的时候，她的领导终于问了一句：“我还是不明白，你到底为什么要走？”她很无奈，这位管理者似乎从来没有真正去了解过，自己的下属想要什么，她的困难是什么。

当然，下属也可以积极向上反馈，但在实际工作中，大部分的下属是不会这么做的。作为管理者，我们可以通过一对一的面谈沟通，去创造这样的机会。

一对一的面谈具体要怎么谈呢?

首先，我们需要找一个相对安静封闭的空间，办公室、会议室、安静的咖啡馆、茶馆都是可以的。

刚开始，可以问问下属最近的家庭、生活信息，不需要聊特别严肃的话题，可以轻松一点。这是为了创造一个轻松的沟通氛围。毕竟，大部分下属和领导沟通的时候多多少少都是紧张的，一开始营造一个轻松的氛围，下属才有可能放松，下属放松了才有可能说真话。

接下来，可以问问下属最近的工作怎么样，有什么感受。

在这个部分，要注意尽量不要用含有负面评价的询问方式。比如说：你最近工作做得不太好，发生什么了?

因为有时候，下属对于自己工作的评价标准和管理者是不同的，我们可以通过下属的回答去判断，下属是如何评价自己的工作的。

不管下属的回答是感觉好，感觉不好，还是感觉一般，都要继续去询问下属为什么这么觉得，追问一些细节，这样我们可以判断出下属自己对于工作的评价标准，以及他关注的角度。

如果他的思考和我们自己的理解不一致，我们至少知道他哪里出现了偏差，从这里入手帮助他调整会更加容易。比如，你觉得下属工作很一般，效率很低。但是，下属觉得自己做得很棒，因为每个工作他都反复核实检查，天天加班，他觉得自己很努力、很敬业。

这个时候，你首先要赞赏他的努力，然后表达对他抱有很高的期望，希望他的能力和精力能用在更有价值的事情上。也许有些事情不需要很多遍检查，可以先交个初稿，和领导沟通后，再去调整细节，效率也会更高，也能承担更多的责任，发挥更大的价值。

当然，我们可能也会在一对一沟通中遇到一些话很少，甚至是沉默不语的下属。这时候，我们只需要创造一个宽松的氛围，坚持等他开口就行了。

比如，你问他，最近工作怎么样？他说，还行。你问他，为什么这么说？然后他就沉默了。你就可以说，没关系，你可以慢慢想，想到什么说什么。

之后，你只需要控制住自己想要打破沉默的冲动，耐心等待即可。

一般这种时候，总有一个人会先打破沉默，谁先打破沉默，谁就会说得多。所以你要坚持住，让下属多说。只要他开口了，你只需要回三个字："还有吗？"

之后你就会发现，原本沉默不语的下属，会讲出很多信息，你也会更了解他的所思所想，从而更好地帮助他和引导他。

在引导下属的时候，我们要注意，我们很难通过一次沟通彻底地改变下属的思考模式和行为方式，根据心理学上的启动效应，一个人之前接收到的信息会对之后出现的行为造成影响，这种影响通常个人感受不到，但影响却很深远。我们只需要在下属现有的思考方式或者行为方式上做小的调整，下属便觉得这件事儿影响不大，就会接受然后去行动。当他一旦开始有些小改变，他就会有新的体验和感受。当你注意到了这些，就可以持续地推动他的改变。

比如，我之前在带领销售团队的时候，我发现下属同客户沟通的方式有许多需要调整的地方，但我不会一次要求他改变很多。我基本上每次都只提一些小要求，如调整其中一两句话，或者变换语言的顺序，让他觉得，领导和我聊了这么久，只提了这么一点小要求，这很容易做到。

实际上，大部分时候，他们确实都可以做到。当他们做到之后，我就会大力地赞美他们，然后再提出一点点小小的调整要求。

这样一来，随着时间的累积，一个月之后，他们的工作方式就会与之前大不相同。工作结果也得到了提高。再一个月后，当我们再次一对一面谈时，他们的状态都比之前有了很大提升。

所以，要想下属有所改变，要从了解他们开始。

总之，作为管理者，首先，要明确自己作为管理者的角色定位，要把部门团队的目标放在第一位，并且要确保团队每个人都知道自己的目标如何与团队的目标相配合。其次，要求团队成员按照统一的原则行动。再次，要保持客观冷静，不能被下属的情绪困扰，客观冷静，确保团队的方向不出偏差。最后，我们可以通过定期与下属的深入交流面谈，来了解下属的工作和心理状态，从而从内到外的影响下属。

本章练习

今天的练习是，找一位下属进行一次一对一面谈，在过程中，多发问，多去了解下属的想法，看看你会对他有什么新发现。

如果你还没有团队，你也可以找一位同事用刚刚谈到的方法聊聊天，看看你对这位同事会不会有一些新的认识。最后形成一份谈话记录，以后可以定期沟通，确认对方是否发生变化。

第七章　同级管理：如何面对职场竞争

竞争心理是人的一种本能，如幼儿会去比较谁的玩具多、谁的积木搭得高。进入学校后，会去比较谁的成绩好、谁的体育好。进入职场，我们也免不了去比较谁的工作做得好、谁晋升得快。可以说，正常的人或多或少都希望自己能够在竞争中超越别人。从 20 世纪 40 年代开始，社会心理学家对合作与竞争问题进行了大量研究。许多研究认为，尽管合作是最好的策略，但许多人宁可选择竞争，也不愿意合作。这是因为人们的本能更倾向于选择竞争。

在职场中，竞争可以带来一些好的作用，如可以促使你努力提升自己的能力，专注完成自己的工作；即使有时候，竞争会带来一些分歧和争执，但只要能够深入地交流讨论，这种分歧和争执对于同事间了解彼此、消除隔阂也具有积极作用。

但是，面对竞争，并不是所有人都能拥有一个健康的竞争心理，而且这些心理很容易被我们忽略。

在职场中，我们首先要注意一些不健康的竞争心理，其中有一些是来自身边同事的，如阴阳怪气，贬低你，或者是咄咄逼人，而有一些是来自我们自己的，如回避竞争、过度在意竞争失败等。这些不健康的竞争心理可能会让我们心理失衡、情绪紊乱、身心疲惫，甚至影响我们在职场上的长远发展。

那该怎么办呢？如果问题来自同事，你要知道这些心理背后的原因及应对策略：如果问题来自自己，就要了解可能的诱因，以及调整策略。

一、两种来自他人的过度竞争心理

此处分享两种常见的竞争心理，一种是贬低、阴阳怪气；另一种是咄咄逼人。我们来分析这类行为背后的心理原因，帮你洞察对方的心理，同时分享一些应对策略。

（一）总是贬低你，阴阳怪气

有时候，我们在职场中会遇到一类同事，他们总是在言语上打压别人，谈论的角度有时候和工作相关，有时候和工作不相关。

“你每天到底在做什么事啊？你无事可做的吗？”

“还是你厉害啊，大家做一样的事，就你能让领导喜欢。”

“又买东西啦？天天网购，我可没你这么闲。”不分场合、不分人群，想到就说。虽然无伤大雅，但就是让你心里不舒服，也会担心，他的评价会不会真的影响别人对自己的看法。

其实，喜欢贬低他人，是一种不健康的竞争心态，深究其原因，是为了掩饰内在的自卑。可能你要问，这人不太在意别人眼光的样子，也一点不在乎我怎么看他，这是自卑吗？

著名心理学家阿德勒在他的书《自卑与超越》中提过，自卑感强的人并不一定显得顺从、安静、矜持和性情温和。每个人都有不同程度的自卑感，因为每个人总有些力所不能及的目标。有些人无法面对自卑带来难受的感觉，他们会选择自我欺骗，让自己以为自己很强大。其中一个表现是通过打压别人而获得优越感，这种优越感就是对他自卑心理的补偿。

所以，在职场中，那些越是喜欢打压别人的人，往往说明他们内在越自卑。

实际上，这类打压的特点是，如果被打压的人不在乎，就不会产生什么实质性的伤害；但如果被打压的人在意的话，产生了情绪，甚至可能因为情绪而影响工作，那就不值得了。

如果你遇见这样的人，完全不用过于担心他的话会对其他人产生多么严重的影响。因为职场是个长跑比赛，没有人能够一直欺骗下去，你是什么样的人，他是什么样的人，时间长了，大家都会知道的。

你的人品、能力，并不会因为别人一两句话而改变。而且，他来打压你，说明你身上有一些部分很优秀，让他感觉到了自卑，所以才会急着寻找优越感。

面对这种同事，首先心理上要平衡，明白这些人都是纸老虎，保持情绪稳定，不能表现出软弱或者过于在乎。

如果有其他同事在，觉得需要解释，简单解释一两句也可以，甚至带点攻击性的回复也没问题，类似“天天盯着别人，你也不忙啊”“不关你的事儿，不劳你费心”。如果不想解释，直接无视就可以了。

总之，这类职场中的言语竞争，只是一种心理消耗。你要意识到阴阳怪气的背后，很可能是对方的自卑心理在作祟，通过打压你获得优越感，不必放在心上。

（二）咄咄逼人

如果你遇见咄咄逼人的同事，需要知道的是，他们可能不是单纯针对你，而是时刻都处在战斗状态，对大部分同事都非常强势，言语行为也极具攻击性。原本只是正常的工作反馈和讨论，但他的反应特别大，把气氛搞得很紧张。

这类人因为战斗经验丰富，有时候在领导面前，他们的口齿也很伶俐，然后你不知不觉就吃了闷亏，回去自己想想，又觉得很憋屈。

其实这类人，表面很强势，背后都很软弱。是什么让他们养成了这么具有攻击性、时刻在战斗的性格呢？

一定是一个充满了危机和危险，充满了斗争的环境。

可以想象，这类人在成长中，很有可能经历过很糟糕的环境，使得他们认为世界是危险的，其他人也是危险的，不战斗我就会遇到很糟糕的事情。而且他们这种行为模式不只出现在工作中，还会出现在生活中，使得他们和家人、朋友的关系也充满了冲突，继而带来痛苦。

所以，在面对这种人的时候，千万注意不要被他带入他擅长的战斗节奏中，因为他会用他丰富的经验打败你。当对方咄咄逼人的时候，你千万不要马上回应他，因为这时候我们可能很生气且不理智，会被他牵着走。

你可以深呼吸，平复一下心情，然后用平稳的语气回应。因为对方咄咄逼人的时候，语速一定很快，你放慢语速，就是打乱对方节奏的一种方式。

具体如何回应呢？我有一个简单的方法，我把它叫作“升维回应”。具体点说，就是你可以从更高的层次和层面来回应他。这个更高的层次和层面有两个含义：

- 第一个含义是，我们从更有话语权的人及更多人的角度出发去回应，如站在部门领导和公司的利益上回应他；
- 第二个含义是，我们从更长远的发展方面回应他。

举个例子，在部门会议上，有个同事小王很大声说：“我这个项目非常的重要，我需要 ×× 资源，需要 ×× 来支持我。”而你也很需要这些资源，如果他将这些资源都拿走了，那么你就很辛苦了。

这时，我们可以从两个角度回应。第一个角度，从领导的角度替领导说话，你就可以说：“小王你确实辛苦了，这个项目你也付出很多，作为同事，我们也都看到了，要向你学习。公司资源也很紧张，大家的目标都是为了把工作做好，你需要支持的心情我也可以理解，同时其他的任务也不可能完全放下，也还是需要照顾一下其他项目的。”

你看，这个回复，我们就是站在了领导的角度，同时团结了其他的同事去回应小王，既争取了谈判的机会又显得自己无私大气。

第二个角度，可以从长远发展的角度来说话。你就可以说：“领导，小王这个项目确实重要，但我发现，我们部门的这类资源总是不够用，人手总是很紧张，今天是小王的项目，后面其他的项目也会遇到。从长远来看，大家还是需要提升一下处理基本事务的能力，把这类资源用在最关键最核心的事件上。是不是可以请 ×× 给我们培训一下，以后，前期的一些基础工作各个部门自己负责，后续关键的事务再交给他们团队去支持？”

这个就是从未来和成长发展的角度去回应小王，显得你既有长远的规划和格局，又能巧妙地避免资源竞争强化。

你可能会说：“这个方法很好，但我怕有时候我反应不过来，说不出这些话，但我隐隐觉得不对，想要为自己争取利益。”

这个时候，你也可以使用心理学上的“登门槛效应”，就是先提一个大要求，然后再提一个小一点的要求，这样比较容易被接受。比如说，你发现你需要一个人支持你一周的工作，你可以说，我的项目后面需要这个团队的专家支持两周的时间。当然这个要求是不可能答应你的，然后你就可以接着说，专家支持不了，给我个专员支持我一周的工作总可以吧。这个要求大概就会被接受了。

总之，针对咄咄逼人的同事，当不涉及利益之争时，就离他们远一点，因为他们时刻在战斗，离太近了容易被“误伤”。

如果是在会议和群体场合，要团结领导和其他同事一起发声。再不行，就不要回应他，直接向领导提出需求即可。

上面分享了职场中常见的两种来自同事的竞争心理，那我们自己有哪些需要注意的心理呢？这里也分享两种，一种是回避竞争，另一种是过度在意竞争失败。

二、两种来自自己的竞争心理

（一）回避竞争，总是退让

有一些朋友，在职场中遇到职位的晋升竞聘，或者是利益、资源等这类有竞争性的情况时，很多时候可能会表现得很没有底气，或者是主动放弃了机会，把机会让给了别人，甚至提都不敢提。总之，就是不自觉地去回避这种竞争的场景。

这种表现的背后，也有着一些心理因素存在。

曾经有一位来访者，他工作很认真，表现也很好，在同批入职的同事里，他是第一个被提拔为小组长的。但不久之后，他就因为家中亲人生病辞去了这个任命。但是，因为他能力还不错，所以后面公司又给了他几次机会，但每次他都会因为各种突发理由，而无法再进一步。从心理咨询师的角度看，太多的偶然就是必然，这背后一定是潜意识在作祟。

果然，在咨询中，回溯他的成长经历发现，他有个学习非常优秀的哥哥，小的时候他总是被父母、亲戚拿来和哥哥做对比，而小时候的他，总能从父母的眼中读出失望，甚至他们无意间还会说出“这孩子没出息”“这孩子真不行”。

“我不行”这三个字深深地刻在了他的潜意识里，他也认为自己是绝对不可能超越哥哥的。每当他快要成功的时候，可能会超越哥哥的时候，他的潜意识就会阻止他，于是就总是会创造出一些“事件”阻碍他。

从心理学的角度来说，孩子会不自觉地忠诚于原生家庭，而心理成熟的标志之一，就是适度地“背叛”原生家庭，从原生家庭中分化出来，成为独立的人。

这位来访者，讲到他的故事我很心酸，他用一种惨烈的方式在对原生家庭“效忠”。用回避竞争和成功的方式，效忠于父母当年的话，维系自己和哥哥在原生家庭中的位置。

幸运的是，在咨询中，他意识到了这一点，也看到了这一点，这个过程就是所谓的将潜意识意识化了。也就是说，原本在潜意识中，自己看不到的部分，现在被自己看到了，成为了可以看见并掌控的部分。

当我们的潜意识意识化之后，就可以去避免和以前一样的思考和行为方式，从而打破原本命运的轮回。后续，他在事业上更上一层楼，成功成为管理者。

还有一种情况，也可能会让我们回避竞争，就是前面讲到的，如果一个人在他成长的经历中充满了竞争和战斗，则会出现两种情况：一是在竞争中养成丰富的战斗经验；二是可能会选择把自己封闭在自己的空间里，躲在里面不出来，这样就可以回避与任何一方冲突。这种模式在成年后带入职场，也会形成回避竞争的模式。

如果你有类似的情况，一方面，可以通过学习、自我觉察，或者和心理咨询师聊一聊，让潜意识意识化。另一方面，可以通过刻意训练自己，在面对竞争的时候，选择一些不同的应对方式，以此掌握新的处理方法。

比如，你可以试着在竞争的场景中，把自己的需要说出来，不管有没有结果。下一次，你可以试着把需要说得大声一点，同样不管有没有结果。

又或者，你觉得哪位同事在面对竞争时，表现得特别好，你可以记下他说的话，事后自己在家重复练习。模仿其他人的行为，也是一种改变我们固有模式的良好方法。

（二）过度在意职场竞争的成败

在职场中，有竞争必然就有竞争失败的可能性，如没有争取到好的项目，没有成功升职。当竞争失败时，我们心里觉得不舒服、难受是很正常的。

但是，有一些人会过度在意职场竞争的成败，很长时间走不出来，有时候还会钻牛角尖，认为自己被故意针对，或者忍不住对着身边的同事、下属撒气，导致同事关系更差，形成恶性循环，阻碍了后续的工作推进和个人发展。这其实是过度在意竞争的成败。

一般来说，过度在意职场竞争的成败，和自身的评价系统过于单一，以及过度依赖外在评价有关。

如果一个人不能形成稳定的多维度的内在自我评价系统，对自己的认识和认知过度依赖外界的评价，则很容易因为一时竞争的失利而陷入长久的沮丧。对他来说，自己价值的评价指标只有一个，外面的人说他行，他就有价值，说他不行，他就没价值。而竞争失败看起来能力欠佳，对他来说，可能意味着整个人都被否定了。

但我们知道，职场竞争中难免会遇到失败的情况，原因也是多样的，和这个人有没有价值没有关系，有可能这次失败了，但过一阵子，自己能力提升了，就成功了。

这类人把一次的结果看得太重，甚至扩展到了自己整个人的价值。如果我们遇到这样的情况，自己沉下心来仔细想一想，就会发现这一次的失败并不代表着整个人没有能力，毕竟我们曾经也都有过一些或大或小的成功。如果我们再仔细观察一下，身边也有很多人曾经失败而后更加成功的例子。

因此，千万不要把一次失败当成永远失败，把暂时的失败当作整个人生的失败。只要我们一直在前进，努力提升自己，走得快点慢点都没有关系。职场是一场长跑，一开始的快慢并不代表最终的结果，我们永远都有机会。

本章练习

今天的练习是：邀请你去回忆一个职场中具有竞争性的场景，如果是现在的你，你会如何在那个场景下回应呢？如果想不到，你也可以去观察一下职场中，有没有一些同事特别擅长处理这种竞争场景的，去留意他们的回应方式，把他们的语言记录下来。

不管是你自己写的，还是观察同事说的，都可以把回应的句子写下来，试着读几遍。如果可以，你下次也可以实战试试看。

第八章　同级合作：为什么职业生涯频频受阻

上一章我们谈到了同事相处中的竞争心理，本章我们来聊聊竞争的对立面——合作。可能你要说了，前面不是说大部分人倾向于竞争，为什么马上就转头要开始合作了？

合作和竞争并不是完全对立的两面，竞争中也是可以包含合作的，比如同事之间相互分享各种有效的资源，这种合作可以提升整个团队在企业中的竞争力。同时，通过合作，我们可以取长补短，既可以发挥个人优势，又可以弥补个人的局限，让我们在竞争中更容易脱颖而出。

举个例子：我曾合作过一家公司，这家公司有两个业绩突出的销售人员，这里我们分别把他们叫作 A 和 B。

A 的客户特点是以大客户为主，单一业绩体量大，但需要前期大量的对接工作。B 没有那么多大客户，但客户量多，需求也都很个性化，于是积累了各式各样的满足各种需求的方案。

我发现公司的业绩排行榜上，他们一直占据前两名，因为他们虽然也有竞争，但彼此又能为对方提供支持。A 在为客户工作时，常常需要解决很多问题，而这些大问题里面又有很多小问题，这时候，A 常常可以从 B 那里拿到很多小型方案，借鉴整合。而 B 在面对客户的时候，也常常拿着 A 的客户成功案例作为信任背书。因此，他俩才能长期占据公司业绩排行榜的前两名。你看，彼此合作远比一个人单打独斗的效果好得多。

另外，很多人说感觉自己的职业发展不是很顺利，如他明明工作能力很强，却很难升职加薪；再如有人创业，他的产品很好，却很难顺利推进；自己感觉很随和，但总感觉在公司活成了“一座孤岛”……根据我的经验，其中很重要的一个原因是这些朋友不太懂得有效合作。

一、在职场中，为什么我们需要和人合作？

（一）与人合作是我们快速成长的路径之一

我们每个人都有自己的优势，也都有自己的局限性，通过和身边人合作，我们可以近距离观察和学习其他人的优秀之处，这对于自己的成长和提升非常有帮助。

这种合作可以是共同完成一个项目，也可以是彼此分享经验和心得，以优势换优势，进而更好地提升竞争力。

聊到这个话题，我想起了我的一位工作伙伴，在我看来，他就是一个很好地借助合作实现能力提升的典型案例。

十几年前，我们一起被分在一个项目组里。这位同事性格直来直往，不善言辞，甚至有时候说话还容易得罪人。但是，他的逻辑思维非常好，文字功底很强，写报告、写方案都是一把好手。接触久了，大家就发现，这位同事虽然看起来有点严肃，但为人非常慷慨，不管你问他什么问题，要什么资料，他都一点不藏私。自己花了很长时间做的报告和总结，二话不说就会发给我们参考。在我当时所处的行业里，这是非常少见的，因为我们就是靠脑力工作的一群人，很多同事都对自己的创作内容视若珍宝，像他这样做的人真的少见。

因为他的这种慷慨，他也获得了很多同事的认可，大家也乐于帮助他并和他分享资料。比如，那时候的他不善于和客户打交道，于是项目组的其他人就主动承担了更多和客户汇报沟通的工作；他的演讲能力一开始不是很强，善于演讲的同事就把自己给客户展示的过程录成音频文件，发给他参考学习。而他也成为了团队中的智慧中心，因为人都是相互的，总有些同事会分享些东西给他，他分享得多，得到的也多。

现在距离我认识他已经快 15 年了。这位同事现在已经是业内顶尖的专家，沟通演讲也早已不是问题，业内各类大型项目经常能够见到他的身影。通过合作，他不仅得到了同事的认可和帮助，还补齐了自己的短板，这就是合作的魅力。如果时光回到十几年前，他刚入职的时候，我们谁都不会想到，那个看起来有点拘谨不会说话的小男生，会是将来发展得最快最好的人。

现在回过头来看我的职业生涯，毫无例外，那些乐于合作分享的同事总是成长更快、晋升更快。

（二）合作是职业晋升的必经之路

通常，我们在一个企业里的晋升路径主要有两类：

一类是专业路线，就是从技术员到首席专家；另一类是管理路线，从职员到经理、总监，再到总经理等。

不管你想在哪条路线继续发展，你都会发现，越往高的层级发展，越免不了和群体打交道。哪怕有人说："我不走管理路线，我走技术路线，这就不需要跟人合作吧，我专心做好我的事情就好了。"

但我们仔细想想就会发现，首席技术专家也不是自己一个人埋头苦干，也要和其他管理职能部门的领导打交道，服务于整体业务目标。此外，也要整合其他技术人员，分工合作，共同研发。

因此，能够推动身边的人一起合作，是一项非常重要的能力。

有的人能力很强，却一直无法晋升，就抱怨公司没有眼光。但很有可能，是因为这个人只是自己完成项目的能力很强，但不能和其他人合作，也不能带动整个团队成员能力提升。

对于老板来说，这种人目前所能贡献的价值就是眼前看到的这些，只要给出的薪资是匹配的就行了。因为可以预见的是，即使他晋升了职位，也不会对公司有更大的贡献，那为什么不把机会安排给那些能带动更多人、做出更多贡献的人呢？

所以，如果你自认为能力很强，却一直没有晋升，可以考虑一下，自己是不是一直在单打独斗。

（三）合作对职业生涯长远规划很重要

在职场中，我们经常会提到一个词即“行业圈子”。我们经常会说“行业圈子”是很小的，加上现在很多企业的背景调查也越来越规范，如果你在过去的企业缺乏合作经历，可能在背调的时候，都找不到人能很好地描述你的优势。而且在一些圈子小的行业里，招聘者有时候不会告诉应聘者他会背调，常常会通过多种渠道了解一个应聘者。曾经就有某公司的老板向我打听某应聘者的能力，这个应聘者即将成为他的直属下级。这个应聘者我当时不了解，但我知道他曾和谁合作过，于是我就询问了当时和他合作的人，然后给予了一个反馈，当时合作的同事给了他很好的评价，这位应聘者也顺利入职。

随着你的经验越来越丰富，你会发现，内推是很多企业招聘的重要渠道，特别是越高级的职位，则更加注重内推。因此，现在的同事将来如果跳槽，就很有可能成为你未来工作的内部推荐人。如果你具备很强的合作能力，让同事感受到你的成事能力、协作能力，对方更有可能把你推荐给更好的公司。

除此之外，在前面的章节里提到过，我们想了解一家公司的真实情况，需要真实询问在这家企业工作的人。那么，我们从哪里去找这家企业的员工？很多时候，是通过跳槽过去的前同事、前领导。因此，和身边同事的合作，不仅对现在的成长有好处，也是为未来拓展人脉和视野做铺垫。

总之，我们在工作中，积极和周围的同事合作，就是给了彼此互相了解的一个机会，也是给自己创造职业机会。

虽然职场合作有很多好处，但有些人发现，自己并不是不想合作，而是很难迈出这一步，内心会有一些担心、一些不安，从而阻碍自己去行动……如果要解决这种情况，我们需要把背后的这些担心去细化分析。

二、阻碍我们和同事合作的心理因素

（一）内心深处觉得合作是一种示弱

特别是如果合作的对象能力特别强，表达也很强势时，我们的这种心理感受可能会更强。因为在合作的过程中，或多或少会有比较和竞争在里面。如果过于在意这种竞争，可能会过于关注自己相对能力较弱的地方，激发自己内在自卑的感受。

作为能力相对没那么强，恰好又是一个不善于表达、不懂得拒绝别人的人，那么，在另一方能力更强、性格更强势的关系中，可能会出现因为无法拒绝对方，所以在合作中被对方主导，同时承担了过多不该承担的工作，但自己又无法表达出来，无法改善合作中的关系。为了避免这种不舒服的感觉，下一次，你可能就会更倾向于避免合作。

如果你是这种情况，我们可以在合作中试着把关注点转移到对目标的达成和自己的成长上，而不要太多地放在彼此的比较上。

只要是对你完成工作目标更有利的建议，就支持；如果对方能力强，让自己心里不舒服、感觉到自卑时，你就可以问问自己："我能学到些什么？"或者说："我能贡献些什么，哪怕只是很小一个点？"

当你把注意力放在自己的成长、自己的贡献上时，你关注的往往都是自己能力范围的事，你的掌控感会增强，那种自己很弱小、很无助的感受就会减弱。

（二）担心被同事抢功劳，利益受损

有的朋友觉得自己不是很善于表达，每次和别人一起承担项目责任，最后大部分功劳都被那个能说会道的同事抢走了，自己白辛苦工作，什么都没得到。所以干脆不合作，不给他们这个机会。确实，职场中有一些手段很高超、人品很低劣的人，如果合作对象是这种人，我们当然要远离他们。

但更多时候，我们之所以容易被抢功劳，是因为我们自己不善于沟通表达，不善于向管理者沟通。

面对这种情况，有两个方法处理：第一个方法是，扩大人际交往的范围。比如说，这个项目安排给你和某位同事合作，你知道这位同事喜欢抢功劳，这时，你可以多拉一些人进入项目组的关联支持中，建立一个项目组的大群。当然，你的领导一定要在这个群里。后续凡是涉及项目关键的推进动作和进展，都要在这个大群中向所有人汇报告知，要“确保内部信息通畅”。这样，大家都能看到项目的推进过程，就不会误会都是某个人的功劳。

第二个方法是，加强向上管理和沟通，定期向领导汇报进度。如果你做不到拉更多的人，那你至少要定期向领导汇报项目进度。也许你会说，我不善言辞，不会口头汇报，那你至少可以编个微信、写封邮件，每周向领导汇报一下：

- 这周项目的进展如何；
- 我做了什么；
- 后续我们的工作计划是如何安排的；
- ……

这样，通过文字的方式，既能让领导随时了解工作进度，也记录了项目进展的全过程，事后万一有什么问题，也可以回头调查。

因此，担心利益受损不是我们不合作的理由，而我们真正要去解决的问题，是我们自身如何去展示自己、呈现自己及向领导沟通的问题。

在本书后续的内容里，还有专门的章节分享如何在职场中有效地自我呈现。

（三）恐惧被拒绝

拒绝合作一个心理因素，就是恐惧被拒绝。具体来说，就是担心自己提出合作的需求，或者在合作的过程中，遭到对方的拒绝。

这种害怕的背后，本质上还是对于获得他人认可和接纳的情感渴求。实际上，在寻求合作的过程中，拒绝不是一个结果，而是一个过程。而拒绝的原因很多时候和对方认不认可我们这个人、接不接纳我们没有什么关系，可能是对方单纯没时间，或者对方不喜欢这类工作而已，或者对方不了解这个工作对他有什么好处。

甚至有时候，拒绝可能代表的只是对方希望获取更多的信息。我们不需要赋予这个拒绝过度的意义，更不需要因为拒绝而阻碍了自己的前进步伐。当然，被拒绝难免心里不舒服，这都是很正常的，只是我们要去控制这种不舒服的程度，让它不要过度扩大到我们对于合作的看法。

想要克服对于拒绝的恐惧，一种方法是像前面谈到的，改变对拒绝的看法和观念，不把拒绝看作是对自己这个人的拒绝，也不把被拒绝和不被接纳画等号，不把拒绝看作一个最终结果。另一种方法是通过行为去推动观念的改变。我曾经和我的学员说过，千万不要在第一次被拒绝时就放弃，那只会让对方觉得你没有毅力，当你被拒绝的时候，可以告诉自己，被拒绝三次后才是真的被拒绝。然后你可以变换沟通的方式、沟通的时间等，再请求对方的合作。也许对方就会有新的答案。

三、如何能推动合作

前面我们讲了合作的好处，以及阻碍我们合作的心理因素，接下来，谈谈如何能够推动合作。

（一）要找到对方的利益点

这个利益点不一定是金钱，还可以是能力的成长、影响力的扩大、领导的认可、新领域的经验等，都可以成为利益点。退一步讲，你能请对方吃一顿饭，在对方需要的时候，给予对方支持，也可以算是利益点。

总之，合作的过程是个双赢的过程，我们在邀请同事进行合作的时候，一定要在一开始就把对方可以获取的利益讲清楚，而不是一味地沉浸在自己的世界中，单纯地讲项目本身有多好，自己有多喜欢，而忽略了对方的视角。

在一开始沟通的时候，一定很细致、清晰地向对方描述他可以获取的利益点。

（二）要抓住对方的情感需求

正如同我们需要被认可、被接纳一样，合作的同事也需要被认可和被接纳。甚至有时候，我们会发现，当对方被认可被接纳时，哪怕利益点不够，对方也愿意配合。

我曾经负责过公司内部的新人培训，当时需要从公司内找一些资深的内部讲师。说实话，一开始这个项目并没有得到公司多大的重视，但所有的内部讲师都是放下手中的工作给予支持，而且也没有给他们报酬。

其中有一位老同事，平时为人很低调，我无意间在一次历史会议的内部录像中听过她的发言，我认为她的发言非常简洁干练，直切要害，对公司业务和流程的理解很到位。这次寻找内部讲师，我就想到了她。

这位老同事，平时在公司的风格是独来独往的。她的能力很强，但也很有个性。果不其然，我去邀请她，一开始就被拒绝了。后来我不气馁，又去找了她两次，告诉她我为什么希望她来讲课，因为我看过了她的发言，认为她的逻辑和理解是非常深刻和到位的，包括我自己，看了她当时的这段录像后都大有获益，而且我还看了很多遍。

她面露难色，但最终答应了我，而且任务也完成得非常出色。她能够接受我的提议，很大一部分原因是我看到了她的优秀和特别之处，给予了她非常大的认可和赞赏。很多时候，当同事真的很优秀的时候，能为他人鼓掌，为他人搭台，也是非常有价值的。

（三）要保持边界，同时加强沟通

在合作中，涉及多方的关系，比平时处理一对一的关系要复杂，再加上工作推进中的变化，难免会产生一些误解。我们要注意，要经常提醒自己回头看看最初的目标、各自的责任范围，保持自己的原则和边界，不要轻易地被突破。越是长期的合作，边界感越重要，也许一开始的磨合会有不舒服的地方，但让对方清楚你的边界，会为后面的工作省下很多不必要的麻烦。

同时，保持稳定的沟通频率，一旦有了误会马上解决，而不是等问题越积越大再解决。关于具体的沟通技巧，会在第五模块的内容中专门分享，这里不赘述。

总之，即使过程中会有一些摩擦，但只有你保持稳定的情绪，前后一致的工作原则，对所有人统一的边界感，最终大家都会找到合适的位置和相处方式，进而可以更高效地合作，而前期的小摩擦也并不会降低别人对你的评价。合作的成功，对你、对合作的对象来说，是彼此一起战斗的经历，会加深你们之间的情感链接，对彼此的评价也会上升。

本章练习

在自己的身边找三位同事，去写下他们身上值得你学习的三个优点。这些优点就是我们在未来的合作中，可以去关注学习的部分。

同事	优点

第九章　向外管理：如何扩大职场影响力

如果我们需要进一步扩大自己的职场竞争力，只跟自己部门的人协作是不够的，你还需要扩大自己的人际圈，包括其他部门、其他公司，甚至其他行业。

可能你要问了："我做好自己的工作，守好自己的一亩三分地就足够了，为什么还要去关心其他部门，甚至公司之外的人，有这个必要吗？"

当然，做好自己的工作很不错，但如果我们同时能跟外部的人建立更多的链接，对自己的职业发展也会更有好处。毕竟，我们能联动的人的范围越广，职场影响力和竞争力越强。

一、为什么和外部的人链接，能帮助我们提升职业竞争力

（一）可以更加有效地推动工作完成，尤其是在跨部门沟通时

对于大部分的公司来说，虽然各部门都有自己的职责和任务，但总免不了出现一些职责交叉，或者需要跨部门合作沟通的地方。而涉及一些本部门外的工作，如果完全指望制度、流程进行推动，有些时候很难落地。

举个例子：我在企业做咨询时发现一个很典型的问题，就是部门之间缺乏沟通，导致某个对企业有利的政策无法实施。比如说，因为市场竞争的变化，需要扩大对于某项产品的营销宣传，这样可能就会涉及临时性的一些合同、材料、费用的审核和审批工作，要涉及多个部门间的协调。在大公司里，关系错综复杂，即使在大会上领导发话说要各部门去配合，但如何配合、配合到什么程度、以什么样的效率配合，其实差异非常大。

这个时候，我发现如果项目牵头人是个平时很注重跨部门沟通的人，就可以很快地协调各部门拿出具体的落地方案；但如果这个牵头人在这方面不擅长，甚至人际关系很紧张，那最终很有可能就是工作被各种原因拖累，一直延迟，甚至不了了之。公司规模越大，这类问题越常见，我也常常感慨，有些问题不是靠专业技能就能解决的，很多时候需要人际关系推动。

（二）可以找到解决问题的新思路

同一种工作做久了，很容易形成心理上的思维定式。也就是说，我们先前形成的知识、经验、习惯，都会使我们形成认知的固定倾向，从而影响后来的分析、判断，使得思维总是摆脱不了已有“框框”的束缚。这时，如果我们和一些其他部门、其他公司，甚至其他行业的朋友一起交流交流，就会拓展很多新的思路，原本的困局可能就打开了。

比如说，懂 IT 的朋友帮助做财务的朋友开发了很强大的小程序，以处理日常烦琐的工作；拿到一个国企客户，不懂如何服务比较好，问问在国企工作过的朋友，可能就有了初步的思路和想法；等等。

类似这样的例子，每天都在我们身边发生，遇到困难，通过更广泛的范围获取信息，是非常有效的方法。

（三）能够帮我们突破职业瓶颈，发现新机会

现在大家都在说“内卷”，确实，我们也能感觉到社会中的竞争越来越激烈，要在一个行业里做到绝对的拔尖非常不容易。如果身在一个很成熟的行业，上升的天花板可能也很明显。

这个时候，如果想要突破职业瓶颈，一个很好的方式就是跨界融合。把原有行业的经验，和其他行业的经验进行很好的结合，就可以产生新的机会，获得更多的发展机会。

我之前在给一家企业做培训时，认识了一个朋友，前几天他和我说，

这几年经济情况不好，他之前所在的企业裁减了他原本所在的部门。我问他那些老领导老同事的去处，结果他和我说，他们现在发展得更好了。

原来，他们部门原本就是做企业内部培养的，虽然原来的企业不行了，但他的老板刚好认识了一家医美行业的公司，现在国内的医美行业正在如火如荼地发展，在企业不断扩张的过程中，这些老板们在人员培养、团队管理上都有很多的问题需要解决，因此有很强烈的学习意愿。

虽然这支团队不懂医美技术，但他们很擅长团队管理的培养，他们一拍即合。于是这整支团队来到这家医美行业的公司，帮助这家企业以及企业的客户进行相关领域的培训和培养工作，从而摆脱了原来的困境，赢来了第二春。可能你要说了，这些人的工作都是通用部门的，他们跨界比较容易，我是个技术人员，跳槽范围很窄，那怎么办呢？

其实在我看来，专业技术人员只要稍微叠加一些通用技能，反而职业空间更大。举个例子：如果你懂技术又懂营销，那你绝对比只懂营销的候选人更有优势；如果你又懂技术又懂表达，那你就比一般的培训老师更具有竞争力；甚至在心理咨询这个行业，我也见过原本互联网大厂的研发转行过来的。那么，这些处在类似行业的来访者，就更倾向于和这样的老师沟通，因为他们更懂他们所处的环境。

如果你也正处于职业的困境中，也许可以约不同行业的朋友吃吃饭、聊聊天，也许有所启发，找到一个既不浪费过去的经验，又可以有新发展的可能性。

虽然向外拓展人际关系有很多好处，但实操起来，对不少人来说可能是有挑战的，这背后首先存在着一些心理误区影响我们。那该如何规避误区，从而有效地向外拓展人际关系呢？

二、为什么很难向外拓展人际关系？

1. 第一个难题，担心麻烦别人而无法回报对方，进而可能导致对方对自己有不好的看法

哪怕我们不是什么厉害的大人物，在信息发达的今天，我们也可能通过过往的工作经历、朋友的介绍、网络平台，或多或少认识到一些厉害的人。有时候，可能你会想要向这些前辈大拿询问一些信息，甚至是求助。但你自己又只是个小人物，这些大人物会不会觉得你很没有自知之明，甚至觉得你想占便宜进而讨厌你呢？

一方面，当然我们要有基本的社交礼貌的沟通技巧，不能一开口就让对方想骂人。

另一方面，实际上，根据心理学实验研究，让别人喜欢你的最好方法不是去帮助他们，而是让他们来帮助你。如果想得到别人的好感，主动开口是没坏处的。这就是著名的“富兰克林效应”。

这个效应背后的故事是，当富兰克林还是一名州级议员时，想争取到另一名国会议员的认同与支持。然而，他不愿意卑躬屈膝地向对方示好。他选择了一个独特的方式。他听说这位议员收藏了一本非常稀奇的书，富兰克林写了一封信，很客气地说：“我特别想欣赏拜读一下，能否借我几天？”这位议员二话不说便把书送了过来，富兰克林则于一周后归还，并附上了一张纸条，表达他的感激之情。

没想到，在不久后的国会会议中，这位议员主动找富兰克林谈话，还非常客气，是之前从未发生过的事，还在很多事情上表达了对富兰克林的认同。于是他们成了非常好的朋友，并且友谊持续了一生。

富兰克林说：“曾经帮过你一次忙的人，会比那些你帮助过的人更愿意再帮你一次忙。想取得一个人的支持，尤其是圈子外的人的支持，那就先找他帮个忙，事情会出现意想不到的转机。”这种神奇的现象被称为“富兰克林效应”。

因此，开口争取对方的帮助即使被拒绝，其实对双方都没有太大的损失，而大概对方可能会因为这个帮助体验到心理上的愉悦感，也会更喜欢你。

2. 第二个难题，自己努力去做了，但对方并不会和自己深交

这种也是很常见的，自己认识了一个看起来很厉害的人，很努力地去接近对方，比如跟对方攀谈、找机会请对方吃饭，甚至送对方一些礼品，投入了时间和精力，但要么对方的反馈平平，要么对方嘴上说得好听，但实际上并不会给我们什么有用的信息和帮助。

面对这种情况，首先要知道，人与人交往可以基于利益，但更多的基于情感。当我们和一个人交往时，如果是抱着利益交换的态度，每付出一分，就期待获得一分的回报，往往会失望。这更像是一种投资，既然是投资，那就必然有成功和失败。

而且人的第六感很强大，当你抱着利益交换的目的去接近一个人时，往往另一个人也会多多少少感觉到不舒服，如果是心智成熟的人，感受可能会更清楚。

虽然我们前面有谈到扩大人际交往圈的种种好处，但其实并不需要我们非常刻意的，带着利益交换的目的去做。

在这种情况下，可以基于两种情感去搭建这种人际交往。

（1）基于对对方的理解和欣赏。

我有一位 90 后的朋友，我发现她的朋友圈有许多和她有十几岁甚至几十岁的年龄差，事业上也小有成就的人，而且不是简单的认识的关系，而是可以经常谈心、坐下来吃饭的关系。

我问她，为何她可以做到这样，甚至一些平时看起来很高冷的人，通过短暂的接触，她也可以和对方建立比较深的情感链接。

她回答说，可能因为她自己一直对人的内在感兴趣，也做了很多心理学方面的深入学习，虽然自己不是一个心理咨询师，但自己在见到一个人的时候，愿意通过外表所有的这些更深入地看到这个人的内在本质，而不会被外在的表现所影响。而没有一个人能拒绝一个可以深入他内心世界，接纳他原本的样子，而不企图改变他的人。这就是为什么她交朋友特别容易的原因，而她也是不带目的、不带利益，单纯因为喜欢和欣赏一个人而去结识这个人，和这个人交朋友。

我们在向外交往的时候也一样，不带利益而只是基于欣赏和接纳去交往，可能会更顺利。这是第一种，基于对对方的理解和欣赏去交往。

（2）基于利他、帮助他人的角度。

这种很好理解，比如说你的朋友小王的公司正在寻找一个供应商，你之前可能通过一次会议加过相关领域一位老板的微信。这时候，其实你可以直接作为中间人帮助两方搭建关系。

首先可以给小王说："我之前接触过一家公司的老板，他们好像可以做这个，我可以去问问，但不确定一定可以。"非常简单地表达了自己帮助的意愿，也告诉对方自己能做到的程度，是不能打包票的，让小王感受到你的诚意就好。

然后你可以发消息给这位老板："×总，下午好。我有位朋友的公司是做××的，正在寻找××材料的供应商，我记得你们公司好像是可以做这个的，不知道是不是合适让他们来找您公司对接？如果合适的话，您看安排哪位同事和他们对接比较方便？"

告知这位老板你的目的，但他一个大老板去对接，你也不确定合适不合适，所以可以直接询问他找谁比较方便。这样既表达了目的，也给足了对方面子，把选择权交到对方手上。

在这个过程中，也许你个人是没有任何明面上的好处的，但这种简单的帮助，给予对方的印象和感受就会不一样，有一些人可能也通过这个机会对你有了进一步的深入了解。

总之，心怀善意，真诚坦然，予人玫瑰，手有余香就是最好的人际交往密码。

3.“社恐”特质，连第一步都做不到

对有些朋友来说，跟不太熟的人交流沟通是件很困难的事，可能大脑会一片空白，双手出汗，不知道该说什么，语无伦次。

关于这个部分，我们在下个模块职场情绪管理还会谈到。在这里，我先从内在的认知角度聊聊社恐。

首先，和陌生人谈话接触会紧张是很正常的，大多数人可能都会有类似的反应。但是，社恐的人会想得更多，脑海中有很多的演绎，通常会想象一些可怕的后果，这会让紧张害怕的情绪更严重。

甚至到后面，形成了条件反射，只要和陌生人谈话的场景一出现，都不用想得那么清晰，就会不自觉地有出汗、大脑空白的反应。

这些会让紧张加剧的想法有“期待自己表现得更好”“对方可能觉得我很傻”，类似这样的一些想法，总之更多地聚焦在对自己的评价和别人怎么看待自己上。

因此，第一个有效的方法是把注意力聚焦在别人身上，不是关心别人怎么看自己，而是认真地去思考别人的需要是什么，我们能怎么帮到别人，或者怎么让别人更舒适。

当注意力从别人怎么看我转换到利他，也就是关心他人的身上时，这种紧张的感觉会自然而然消退，内在也会涌现出平静温暖的力量。

其次，社恐的人的紧张往往来自不知道该如何去行动。因此，可以通过提前的计划和演练而准备。

比如提前设计好和对方交流的 10 个话题，甚至可以把自己所有设想的尴尬场景写下来，设计如何去应对。

比如沉默发生的时候怎么办？你的方法也许可以是，静静数100个数，看看对方会不会打破沉默。如果不会，就问他要不要再吃些什么？或者抛出下个话题。类似这种提前的准备，会在一开始的时候帮助你很多。

还有最后要注意的就是，尽力就好，不必完美。

“社恐”的背后，都有内在对自己不够接纳的因素。许多人可能也很困惑，如何才能自我接纳。其中一个做法是不必强求完美，只要自己尽力了，就是值得肯定的，不必太过于苛责自己，学会用“我已经尽力了，至少我迈出这一步了”去替代“我刚才一定很傻”的想法。

对于社恐的你来说，不回避、去面对，是解决问题的第一步，可以从一些身边的人开始尝试，慢慢突破。

前面谈了三种会阻碍我们向外交往的心理因素，接下来谈谈如果我们想扩大自己的人际交往圈，扩大对外的影响力，具体该如何操作呢？

三、怎么扩大自己的交际圈，提升职业影响力

（一）保持开放的心态，主动去接触认识更多的人

不是每个人都会和我们合得来，或者能够互相帮上忙的，但能遇到那些我们期待中的人，有一个更大的人际圈比小的圈子更容易一些。

因此，可以适当扩大自己的交流圈子，比如在网上加入一些行业的群，选择参与一些线下活动；或者在一些工作场合，不回避和客户加好友的机会，甚至有意识地主动加好友。

或者你有一些爱好，过去可能就自己一个人关注、一个人玩，也可以去参与一些圈子或偶尔选择性参加一些聚会。

比如我自己，就因为看音乐类的演出，在一个社群里认识了一个非常聊得来的律师，也是从线上发展到线下的朋友。在我的一些工作中，她给

过我非常专业的建议，这都是我一开始没有预想过的。

（二）敢于接触，也敢于离开

当认识了一些人后，如果当天和对方的交流让你有所感受，可以主动给对方发个消息，坦率表达欣赏和赞美。甚至一些资深人士，当天交流完你可能很有收获，也不妨发个感激对方的消息，和对方分享你的收获。

后续，如果你遇到一些场景和对方相关，让你想起了对方，也可以主动和对方发个消息。不管是请教，还是再次表达欣赏都是可以的。这样点滴的接触，都是对人际关系的积累。

当然，如果其中有些人你接触后，感觉价值观不契合，很不舒服，那应敢于离开，不再联系，不再接触，甚至有些过分的人，拉黑也是可以的。

总之，不要被人际关系绑架，你可以选择深入和一个人互相了解，也可以选择远离一个人。

（三）大胆开口，同时留下余地

有时候，可能会遇到一些情况，需要向这些人求助，不必过于纠结对方到底会不会同意。要敢于去求助，只要你的表达基调是真诚的、尊重对方的，大部分人不管能否真的帮到你，但心理上都是可以接受的。

同时，开口之后，也不要觉得对方的帮助是理所应当的，可能对方也会有他的难处，所以要给对方留有余地，告诉对方帮不帮忙都可以接受，你都会理解，这时候哪怕对方拒绝了你，你们双方也都不会感觉关系受到伤害。

比如说，你认识了一个业内资深的老师，但其实那次后，你们的交流仅仅局限在网上，而你刚好想向他请教一些事情，虽然更好的做法可能是节假日定期问候，甚至携带礼品上门拜访随便求教，但这时候也来不及了，可能得尽快线上问他。

那么你就可以这样问他：“× 老师，很抱歉打扰您。上次和您交流后，我受益匪浅，一直在关注您的动态。最近我遇到了一件事情，其中有一两个点想向您请教，不知道您是否方便通过微信或电话交流半小时。我知道提这个要求很冒昧，您如果不方便，直接告诉我就好。感谢您。”

这样发出去，哪怕这个老师拒绝了你，你也可以趁机拉近关系和老师说：“理解，感谢您的回复。下次有机会再当面和您学习。”这样，留下一个下次见面的种子，后面再利用机会把关系重新维护起来，而这个过程是完全不会损害你们关系的。

本章练习

列下10个自己平时接触很少，但后续需要去进一步了解交往的人。记录下这些人的姓名、角色、年龄段、职业和行业，写在表格里。这里面至少要包括三个和你不同公司的人、五个和你不同行业的人。

然后设想一下，下一步你会如何去加深你们的联系，也许是发个微信、打个电话、约一顿饭等，都可以。

姓名	年龄	关系	职业	行业	下一步联系
A	30	同事			
B	35	同行			
C	25	网友			
…	…	…			

模 块 三

管理职场压力与情绪

第十章　压力：到底什么是职场压力？如何化解

每个人都有情绪，但很多时候，我们对情绪其实缺乏必要的了解和关注。如果是消极情绪，没有及时疏导，轻则影响心情，重则使人走向崩溃。在职场中，积极的情绪会激发个人和团队工作的热情及潜力，消极的情绪会影响团队的士气和效率。

只有了解情绪，并且有效地控制和管理它，才能发挥它的积极作用。

在这一模块，我会尽可能简单清晰地和你分享职场中常见的压力及情绪问题，同时给你一些自己使用，或者团队使用的小方法，帮助你更好地辨认情绪、分析情绪和管理情绪。工作并快乐着，这是职场情绪管理的目标。

本章，我们先聊聊非常典型的情绪管理问题：职场压力。在生活中经常能听到大家抱怨工作压力大的问题，节奏快，像“内卷”“职业倦怠”这些词，也多多少少和职场压力有关。

虽然我们总把压力挂在嘴边，但我们可能都不太明白什么是压力，它和情绪有什么关系。实际上，当我们弄懂了什么是压力后，就能更加敏锐地去觉察并分辨自己内在发生了什么，也可以自然而然地找到缓解压力和情绪的方法，从而提升自己的职场情绪稳定度。

一、什么是压力？压力和情绪有什么关系？

从心理学的角度看，压力是压力源和压力反应共同构成的一种认知及行为体验过程，也就是心理压力。压力是一个复杂的身心历程，它包含三个部分，分别是压力源、认知评估和身心反应过程。

（一）压力源

任何情境或刺激具有伤害或威胁个人的潜在因素，统称为压力源，也就是压力来源。职场压力，也就是压力源是职场，比如客户投诉、下岗、失业等，这些让我们感到担心、焦虑的事件。

大多时候，压力可能来自一些事件，但需要注意的是，这并不代表只有事件才会产生压力源。工作环境、物理的刺激也会是一种压力来源。比如说，工作场所的灯光很刺眼，有很大的杂音，环境不舒服，很冷或者很热，虽然没有其他的事件发生，但物理上令人不舒服的刺激，也会成为一种压力源。

（二）认知评估

当事人认为经历的刺激或情境，对于个人确实有所威胁时，就构成压力了，但如果认为是种解脱或者是乐趣，而不是威胁时，就不构成压力，这个过程就是认知评估。

因为有这个过程，不同的人在面对同一件事时会有不同的压力感受。比如说，升职这件事情，表面上看是件好事，但如果认知不同，感受就不同。在有的人认知里，升职意味着加薪，意味着领导的肯定，意味着更美好的未来，那升职这件事会让他感受到成就感，感觉愉悦。但对有的人来说，升职意味着更大的责任，更多的工作时间，或者说伴随着升职的加薪让他觉得很不满意，觉得公司在欺骗自己。如果有这种认知评估，那么这次升职就成为了一个压力事件，让他感受到了压力。

因此，我们需要破除一个对压力常见的误区：并不是只有坏事才会带来压力，好事也是有压力的。这一切都和你的认知有关。

（三）身心反应过程

当个体意识遇到外在的压力刺激，又对这个压力源有了认知评估后，就会有相应的身心反应。这些反应包括情绪上的反应和生理上的反应，以及由这些反应带来的行为。

情绪上的反应包括焦虑、紧张、担心、害怕、恐惧、烦躁易怒、冲动、激动，或者情绪低落、沮丧、失去兴趣和生活乐趣、绝望无助感，觉得生活没有意义这类抑郁倾向的情绪。

生理上的反应，比如说呼吸加快、血压升高。长期的压力会导致我们躯体的不适，如胸闷、气短。有研究表明，胃病、皮肤病、头痛、耳鸣等疾病都和心理压力有关。所以，有时候你去看病，医生会问你最近压力大不大，情绪怎么样。这是因为，压力不仅仅是心理上的事情，它和我们的身体反应也密切相关。

有时候，当我们身处在压力中时，自己在心理上还没意识到，但身体已经有反应了。我们通常可以通过肉眼看出一个人最近过得怎么样，比如他的皮肤是不是有光泽，他的背和肩膀是挺拔的还是微微低垂的。

不过，并不是每个人都能意识到自己处在压力中。

这是因为，有些人会通过压抑、麻痹或者隔离自己的情绪感受来应对压力，这些时候可能自己心理上是意识不到压力的，但其实身体已经有反应了。

总之，认知、情绪和生理，这三个元素是互相影响、互相作用的。

刚刚我们一直在说压力会带来很多问题，但实际上，这个说法也不正确，压力并非只有负面的影响，我们需要客观地来看待压力。

二、如何正确地看待压力？

（一）适度的压力有利于激发人的潜能

心理学家伯特·耶基斯（Robert Yerkes）和约翰·多德森（John Dodson）通过实验研究，创立了“倒U型理论”（见图10–1）。这个理论描述了压力与绩效之间的明确关系。当我们所承受的压力水平适合我们正在做的工作时，我们就会达到最佳表现。

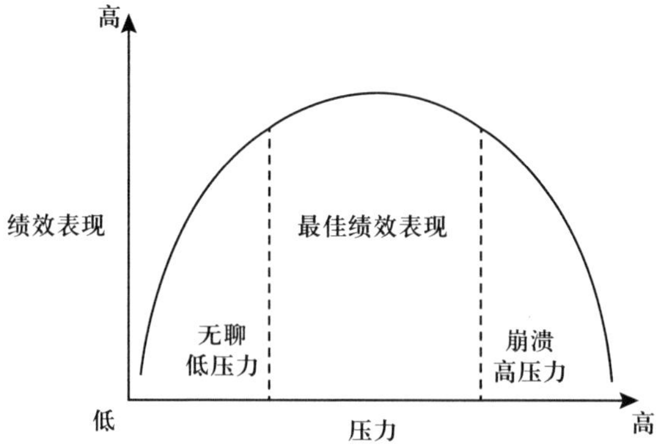

图 10–1　倒 U 型理论

当我们承受的压力太大或太小时，表现就会下降，有时甚至会很严重。

图 10–1 左侧显示了人们没有压力，或压力过小的情况。在这里，他们认为没有理由努力完成一项任务，或者他们有可能以一种“马虎”、没有动力的方式处理他们的工作。

图 10–1 中间部位表明，压力适度的时候，人们的工作效率最高。他们有足够的动力去努力工作，但压力并没有超过他们的承受能力。在这里，人们可以体验到“心流”，这是一种令人愉快且高效的状态，他们可以在这种状态下尽最大努力工作。

图 10–1 右侧显示了人们在压力下开始崩溃的位置，当压力大到无法承受时，人们可能表现出崩溃、急病或彻头彻尾的恐慌迹象。

因此，我们可以知道，没有压力，或者压力太大都是不行的。而职场压力管理的目标是让压力处在最能激发工作效率的部分，而不是彻底地消除压力。

（二）完全没有压力也是一种压力

虽然大的压力源对健康不利，但完全没有压力或者说压力过小，也会带来一些负面影响。

宾夕法尼亚大学的一组心理学家发现，无压力的生活可能降低人的认知功能，每天接触小的压力源有助于长期保护一个人的认知。

我们常说压力就是动力，比如人生意义感、目标感这些可以带给我们内在动力的东西，往往也伴随着一些压力。

当人完全没有压力时，我们可能会用“空虚”形容，这本身也是一种压力。这也是为什么有些人会因为工作压力太小，过于轻松而选择离开。

（三）压力有害的观念比压力本身更加伤害身心

美国斯坦福大学的心理学教授凯利·麦格尼格尔（Kelly McGonigal）研究表明，那些相信压力有害健康的参与者，会经常失眠、内分泌失调，并且诱发癌症或心脏病，最终使得死亡的风险增加了43%，严重影响身心健康。

但是，如果承受极大压力的人，不认为压力有害，死亡的风险就不会升高。因此，正确看待压力会对我们的身心健康有重要的影响。

（四）压力具有累积效应，小问题会累积成大问题

如果有了压力不去处理，只是采取压抑的方式，随着时间和事件的累积，有可能会带来更大的影响。

比如有两则社会新闻：一个是小伙子逆行骑车被交警拦住了，然后崩溃大哭；一个是一女子在地铁崩溃大哭，说连续加班一个月了，压力很大。这类事件都是因为压力长期积累得不到释放而导致的。

加一天班也许不会有太多问题，但连续30天加班就会成为很大压力。被罚款1次也许不是大问题，但生活中还有其他太多的压力，可能会瞬间让人崩溃，这就像压倒骆驼的最后一根稻草。

因此，我们要对自己好一点，一些让自己不舒服的小事，顺手就处理掉，不要总是忍和等。比如工作环境中，鼠标不好用不如就直接换个新的，座椅不舒服就给自己买个舒服的坐垫。虽然每次都是一点小影响，但天天

积累，长此以往，积累起来也是不少的压力刺激。

（五）压力承受能力是可以锻炼的

我们在生活中会看到，对小孩子来说，冰激凌掉到地上都是天大的事情，影响一天的好心情。当职场新人第一次被客户质疑的时候，可能会紧张得发抖，气得说不出话。但随着年龄和经验的增长，当初可以带给你很大压力的事情，现在可能带给你的影响已经很小了。当你经历过一次大的挑战，下一次同样的挑战对你来说可能就轻松得多。

每个人能承受的压力阈值不一样，但我们可以通过训练去扩大自己承受压力的阈值。而且这个能力可以迁移。这也就是说，如果我们想提升工作中的抗压能力，不一定只在工作场景中锻炼，也可以通过其他方式实现。

比如说，长期进行体育锻炼，可以增加自己的抗压能力。我们在运动中忍受身体的难受、不适，不断突破身体的极限，这个过程中所需要的心理力量和面对工作压力所需要的坚韧、坚强等是一样的。

有许多成功人士在体育上都有特长，比如说首届全国运动会，男子400米栏预选赛的赛场上，钟南山院士打破了当时的全国纪录；杂交水稻之父袁隆平院士，当年上高中时就夺得过汉口男子百米自由泳的冠军。

另外，克服惰性坚持去学习一门乐器、在围棋比赛中锲而不舍逆风翻盘等，这些可能会让我们感受到压力或不适，但坚持克服的过程，都是可以让我们提升压力承受能力的。

三、如何处理职场压力?

如果你正承受着比较大的职场压力，该如何面对和处理呢？有两大类方法：一类是短期处理；另一类是长期处理。

（一）短期快速处理职场压力

1. 最直接的方法，就是远离压力源

比如暂时离开工作，离开你讨厌的领导，给自己一个喘息的时间和空间。

所以我们经常会看到，有些人利用假期出去旅游，如去西藏、新疆、海南等地看看广阔的天地，会立刻觉得身心都净化了，然后回到工作中也会觉得好像整个人的状态不一样了。

不过，这种短暂逃离的效果往往不会持续太久，可能过阵子就又回到老样子了。

那你也可以每天给自己保留一些彻底喘息的时间，比如中午什么都不想，慢慢地品尝一杯咖啡、一杯茶，仔细地去看看窗外的美景，呼吸新鲜的空气。

在那个时间和空间里，暂时远离压力源，可以让我们的身心都得到缓解。

2. 发泄

你可以用一些习惯的发泄方式，比如找朋友倾诉、吃点好吃的、逛街购物都是可以的。但要注意的是，这类方式适合偶尔进行一下，不建议过度过量，过度的话可能会带来其他的问题，比如刷爆信用卡带来的财务问题、暴饮暴食带来的健康问题等。

3. 放松训练，比如冥想、瑜伽、体育运动等

冥想、瑜伽中的呼吸练习，长期规律的体育运动会有更好的解压效果。但如果长期不动，偶尔突击暴力运动一下，有时候不一定是放松，因为还没等身体分泌让你愉快的多巴胺，你就被身体的痛苦打倒了，反而变成一种压力。

这些短期快速处理的方式，可以帮助我们纾解一些不是很重大的、短期的压力。但如果你想从更长久的角度去提升自己面对压力的能力，那我们就需要从更深入的角度入手了。

（二）长期处理方法

1. 加强自我觉察

这种自我觉察主要包括四点，分别是：

- 对身体的觉察；
- 对想法念头的觉察；
- 对情绪的觉察；
- 对认知的觉察。

通过这种觉察，你可以很敏锐地捕捉并确定自己的状态，可以比较早地觉察到自己身在压力之中，同时可以判断一下这个压力程度如何，有没有让自己已经有些不舒适的部分，甚至已经可以用一些简单的方式排解。

比如觉察到自己的身体已经太疲惫了，就让自己睡一觉。或者觉察到自己现在情绪不好，就让自己先离开，变换一下心情。这种自我觉察力的提升，可以有效地避免压力的过度累积。

2. 要从正向积极的角度来看待压力

前面我们提过，如何看待压力会影响我们的身心健康。

当我们意识到自己压力过大时，可以刻意训练自己从正向积极的角度去看待压力。

比如，当遇到一个压力大的工作时，你可能会想要逃跑，会紧张害怕。这时，你可以用挑战去替代恐惧，你可以对自己说，这是一个新的挑战，无论结果如何，我都会从中有所收获。或者，你也可以用我们前面提到的远大目标法，告诉自己，这个挑战对自己实现那个远大的理想是有帮助的，当你这样去思考的时候，内心的恐惧就会被热情、兴奋所取代。

3. 要调整自己的认知模式

当我们压力很大时，可能会有很多纷乱的念头，这些念头和想法又会引起我们的情绪反应，而这些情绪和念头的背后，其本质都是我们的认知模式带来的。

比如说，我们认为工作一定要完美，做不好就会被人看不起等，这些可能都深藏在我们的心理层面。

关于认知模式的调整，第十三章会专门分享，因为认知和情绪也是紧密联系的。在这里就不多说了。

你可以先把经常浮现在自己脑海中的念头加以记录，这些在你阅读到后面章节的时候，我们可以用到。

参考资料

有一份资料分享给你，是来自世界卫生组织的一份图解抗压指南，有兴趣的朋友也可以通过链接，找到中文版本免费下载。

图解压力：https://www.who.int/ publications-detail/9789240003927。

第十一章　焦虑：如何处理不同来源的职场焦虑

焦虑是人的一种本能情绪，可以说每个人多多少少都会有焦虑的情绪，比如重要的工作面试前的担心紧张、在重要客户谈判前担心自己准备得不充分所以加班熬夜看材料等，这都属于正常的焦虑情绪反应。但如果长期陷在焦虑情绪中，或者对一些事情有过度的焦虑反应，可能就会影响到自己的身心健康了。比如：每天都觉得很紧张，觉得工作可能会发生什么问题，虽然绝大多数时候也没有什么特别的问题，但可能导致晚上睡不着觉，长期失眠。或者，工作中的一个小问题，就可能让自己产生很大的情绪反应，很烦躁、很着急。还有更严重的，在一些工作场合会突发性的喘不上气，呼吸困难，甚至晕倒，这种情况就是心理学上达到焦虑症的级别了，产生了“惊恐发作”的症状。如果存在惊恐发作的情况，或者长达6个月处在焦虑情绪中，甚至影响到自己的工作生活，建议及时去医院就诊，配合心理咨询的帮助。今天我们所谈的焦虑，主要是在职场中常见的一些焦虑情绪，未必会让你达到很严重的程度，但总会时不时地骚扰你一下，让你不太舒服。我们来看看刺激这些情绪的来源是什么，以及背后的心理原因是什么。

一、人际关系焦虑

比如说不喜欢公司的氛围、不喜欢和同事说话、感觉和同事合不来等，同时又担心自己这样不太好，都属于这部分的焦虑。当然，不喜欢和同事相处的原因也各不相同，有的人是因为担心受伤害，有的人是因为觉得和同事不是一类人，还有的人缺乏相处技巧。

无论哪个原因，如果你有人际关系焦虑，那么背后很可能有一个绝对的信念，就是我必须搞好和同事的关系，搞好关系意味着我们必须有很多的交流。实际上，这个信念并不完全准确，如果我们怀着这个信念去相处，一方面，会把工作沟通应关心的重点从工作目标转移到对方喜不喜欢我、关系好不好上面，反而忽略了真正应该关心的工作任务；另一方面，有些人可能会过度解读办公室内的行为对话，造成不必要的精神内耗。比如，小张和小王在一起聊了那么久，他们是不是关系更好。他刚才和我说话的时候很简短，他是不是不想和我说话。他给了我这么多任务，是不是不喜欢我，还有相反的，他给我这么少的任务，是不是不喜欢我。

虽然我们前面说和同事合作有利于工作的推进，但合作也不意味着需要所有的人都喜欢自己。人际关系糟糕虽然对职场发展不利，但并不意味着人际关系越好职场发展就越好。我们还有一个中间选项，就是普通的同事关系，没有那么亲密，也不会很糟糕。我在心理咨询的过程中，发现不少来访者的潜意识里，人际关系的距离非常两极化，要么很紧密，要么很遥远。这在职场中就会带来很多的困难，要么和同事过于亲密，模糊了距离感和边界感，有的时候不小心就受到伤害；要么就把对方推得过远，影响到正常的职场关系。在这种情况下，就会产生内在冲突："因为如果和对方亲近，我可能会让他靠得太近，从而为了维持这种亲密，我很难拒绝他的要求，甚至有时候会主动牺牲自己的利益。为了不让这种情况发生，我干脆把对方推得远远的，这样不会亲近，也不会有要求和牺牲了。"这就是人际关系过于两极化的表现。实际上，人与人的关系有很多种距离，和同事之间不需要那么远，也不需要那么近。一次拒绝也不会影响下次的合作；虽然平时交流不多，但也不会影响工作上的配合。彼此都是独立的个体，也都是团队的成员。

如果能客观看待和定义职场中的人际关系，对于人际关系的焦虑感就会有所下降，在职场的人际关系相处中也会更自在。

二、工作表现焦虑

比如说新到一个单位、一个岗位，不知道该如何开展工作，也不知道自己能做成什么样子，担心自己无法胜任工作。这类焦虑如果与你所遇到的困难程度是相匹配的，则这类焦虑是正常的，而且是有好处的。因为适当的焦虑会促使我们去行动，预先做准备，对于我们面对未来是有帮助的。但如果这种焦虑有些过度，背后真正的原因可能不是这个工作有多难，而是你内在的自卑和自我怀疑。毕竟，公司招你进来，大概率还是认为你有能力胜任这个工作。如果出现这种情况，首先，你可以参考其他人的工作来帮助自己。比如，周围同事在本岗位之前的工作经历；或者同期进来的新同事，了解一下他们的适应情况。通过这种了解去客观评估自己所处的情况是正常的还是真的处在危机中；也可以观察或者请教老同事的做法，帮助自己了解如何开展工作。其次，如果实在不知道该做什么，可以从能做的入手先做起来。《道德经》有言：“天下难事，必作于易；天下大事，必作于细。”中国古人的智慧现在看来也是非常厉害的。当你不知道该怎么办时，与其陷入自我怀疑的精神内耗中，不如先从简单的事、细小的事做起，全身心投入到工作中时，焦虑程度自然而然就会下降，解决方法才有机会浮现。

三、发展焦虑

比如感觉自己年龄大了，周围同事也都很厉害，觉得升职无望，看不到前途；或者同期的同事薪水很高，怀疑自己的付出与回报不相符，开始焦虑。包括近期新闻经常提到的35岁焦虑，都属于发展焦虑。这类焦虑的背后，一方面有社会的刻板印象压力在里面，另一方面与自身的自我评价标准有关系，如果个体的自我评价标准比较单一，认为职位和金钱是衡量自身价值和生活幸福的唯一标准，则这个焦虑感会很强，但如果可以更多维度地去找到自身的价值感，焦虑感就好很多，自身幸福感也会提高。还有一个原因是和前文提到的自身方向有关，如果没有在做自己喜欢的工作，没有满足自身需求，面对未来的焦虑感也会更强。

当然，现在社会竞争加大，对于不少35岁以上的人群来说，工作机会的减少是现实存在的。这时候，我们要善于把焦虑转化为动力，不要沉浸在焦虑情绪中，而缺少实际的行动。不要用年龄给自己太多限制，这种限制可能会让你自己给自己制造焦虑，觉得我都35岁了，不能做这个、不能做那个了。但实际上，40岁的人生也可以才刚刚开始，我自己在招聘员工时，曾经就遇到过一个37岁从头开始而应聘的求职者。他经历了职业生涯上的重大挫折，身负债务，然后放下身段应聘最基础的销售岗位，作为当时部门的负责人，我很犹豫，因为他是个70后，而他身边的同事都是90后。但这个应聘者当时展现出的真诚非常打动我，后来决定让他试一试。确实他一开始在学习速度上不如一些年轻人，但他把所有的问题都认真记录下来，后续进行学习解决，因为社会经验丰富，和客户的交流也比其他同事更深入，逐渐地，他成了我团队中业绩最好的销售人员之一，收入也有了很大的提高。后续也在这个行业长期地发展下去了。

四、泛化的焦虑

这类焦虑，就是说不上来具体的原因，但似乎什么事情都可以勾起自己的焦虑，哪怕没有外界刺激，自己也会莫名的焦虑。这一类，我称之为泛化的焦虑。意思就是压抑了焦虑的真正原因，而把焦虑扩大到了更广阔的范围。

举个例子：曾经有个来访者，他工作非常努力，目前也是个高级管理人员。多年的经验让他在面对大多数工作的时候都驾轻就熟，但他仍然感觉到有莫名的焦虑和恐慌，总是会担心是不是有哪里没准备好，休假也休不好，自己会主动找事情做，把自己的时间填得满满的。虽然心里明白这样做也不见得有什么额外的回报，但就是控制不住。随着咨询的深入，他发现这种焦虑对他是有一个好处的，让他可以不去面对家庭生活中自己的情感需要。

他这么多年一直是家里的顶梁柱，习惯把所有的问题都自己一个人解决，实际上，他内在也有软弱和需要依靠、包容接纳的部分。但他认为男人是不该这样的，于是压抑了这方面的情感需要。所有被压抑的需求，都会通过其他的方式反映出来。当他在工作中焦虑的时候，他就可以暂时忘却自己的家庭，忘却自己被压抑的需求，忘却自己软弱的那部分。而当他看到了自己的这部分需求，在心理咨询中得到了接纳和满足后，他的这些不知原因的焦虑也逐渐地减少了。

在生活中没有考虑自己的需要，没有为自己而活的人更容易感受到这种莫名的焦虑。我有一个好朋友，她很容易为各种小事而焦虑，后来她找了一位心理咨询师进行咨询，她提到咨询师给她的一个建议是让她要给自己一些完全属于自己的时间。这就是因为她总是为了家、为了孩子，而自己的那部分一直没有被照顾到，每次出行旅游，一直都在考虑其他人，自己累得要命。后来，她尝试自己一个人去城市周边的民宿住了两晚，不带孩子、不带老公。那两天她非常放松，而家里也一切照常。怪不得有心理学家把焦虑称为“善良病”，就是说焦虑的人太过于压抑自己的需求，怕自己的需求会麻烦别人。

前面我们谈到了四类职场中常见的焦虑，人际关系焦虑、工作表现焦虑、职场发展焦虑，还有泛化的焦虑。其中，针对每个部分也给了一些解决办法，针对焦虑还有其他一些应对的技巧，下面介绍几个小方法：

第一个方法是写下你焦虑和担忧的事情。一方面，可以通过书写的过程，缓解你的大脑不停思考的这些担心；另一方面，当这些事停留在大脑中时，很多时候是一闪而过的，当真正写下来的时候，也给了我们一个机会去审视这些想法是否真实合理，而这个审视的过程，其实就是自我觉察和认知调整的一部分了。

第二个方法是头脑想象法。如果你有一些具体焦虑的事件，可以闭上眼感受一下，这个事件大概距离你的身体有多远，一般距离你的身体越近，说明这个事件的焦虑感越强。你可以按下暂停键，细细地体会，没有画面也没关系，你可以想着这件事，根据直觉直接指一个位置，有时候你的大脑中可能没有画面，但你的潜意识却知道它在哪。如果你发现这件事离你的身体非常近，甚至就在你的身体里面，和你自己融为一体，那你可以试着想象把它推开一些，推得稍微远一点。这样焦虑感也会有所下降。

第三个方法是设想最糟糕的情况。可以根据自己担忧的事情不断地问自己，如果自己担忧的情况真的发生了，最糟糕会怎样？当我们去回避自己真实担忧的情形时，反而担忧会加重，但你真正地去思考这个担忧时，焦虑反而会下降。比如，可能最糟的情况是失业了，但失业了也许我还可以通过劳动养活自己。甚至最糟糕的情况是死亡，但在咨询中，我们会发现，当来访者真正自己想到死亡的时候，很多时候他们也会觉得不是不能面对和接受的。当你自己想过最糟的状况出现的时候会怎样时，焦虑也会下降。

第四个方法是自我肯定。焦虑背后多多少少都有着对自己能力的怀疑，因此通过增加对自己的肯定和信心，可以缓解一部分的焦虑感。比如，每天写下 3 件自己今天做得很棒的小事，哪怕很小。类似“今天工作效率不错”“今天表格的配色选得很棒，自己觉得很好看”“今天虽然被领导批评了，但自己没有受太多影响，很快就投入工作了”只要是能给自己带来肯定的部分，都可以多去尝试，一个个小肯定的积累才会带来自信。

以上是四个很简单的处理焦虑的小方法，如果你还想要更深入的解决方法，可以通过后续章节的情绪和认知调整的内容继续帮助自己。

本章练习

邀请你实践一下写下担忧法，把自己的担忧写下来。你可以只是单纯地写下来，不用想太多，等到一个月以后再回头看看，这些担忧哪些仍然存在，哪些不存在了，存在的那些有没有一部分焦虑程度下降了？

我的担忧是：

____

____

____

第十二章　情绪：负面情绪也可以是有力武器

在职场环境中，情绪管理是很重要的一项能力。我们可能经常会听到一个词叫“情商”，情商高的人在职场中往往更有竞争力，而“情商”反映的是个人情绪管理的整体能力，是一个人自我情绪管理以及管理他人情绪的能力指数。

我们说一个人情商高，就是说这个人可以清楚认识和正确运用情绪去帮助自己，也可以认识到别人的情绪，并且了解和分享别人的看法和感受，从而做好人际关系。同时，人们对情绪的认知层面存在很多误区，这些误区导致情绪成为了影响自身发展和生活品质的重要诱因。接下来，我们先谈谈几种常见的有关情绪的错误认知。

一、关于情绪的错误认知

（一）认为情绪是天生的，无法控制的

比如认为自己天生就是多愁善感，或者天生就是个暴脾气，是没有办法调整和更改的。但实际上，通过调整认知，或者是提升控制能力，同一件事我们完全可能有不同的情绪反应。

比如，在办公室走廊里你遇到了一位同事，你微笑着向他打招呼，结果他却板着脸和你擦身而过。如果你认为他是故意冷落你，无视你，你可能会很愤怒、伤心；如果你认为他可能心里有事儿，没看到你，那你也许就平静地接受了。

从这个例子我们可以看出，情绪是可以被控制和调整的。

（二）认为情绪是可以随时没有的

比如说，我们要求自己和同事不能把家里的情绪带到工作中，或者要求家人不要把工作中的情绪带回家。我们的愿望是美好的，然而，作为一个正常人，有情绪起伏是很正常的，如果没有情绪的起伏反而是不正常的，同时，情绪的转换也需要时间。

如果只是有一点小情绪，可能很快就消化掉了；如果是比较大的情绪，则需要消化的时间就比较长。如果短时间内情绪起伏非常大，或者长时间陷在同一种情绪中，比如长达几个月的悲伤，丝毫感觉不到快乐，可能需要就医确认是不是抑郁症。

因此，完全不把情绪带到工作上或者带回家，是过于理想化的状态，我们可能或多或少都会被前一个阶段的情绪所影响，但我们能做的是，掌握一些技巧，以更快的速度消化上一段情绪，或者提升自我情绪控制的能力，让情绪带来的影响不要那么大，这是我们学习情绪管理的目的。

（三）认为外在表情一定意味着某些情绪

看到别人哭泣就觉得对方很悲伤；看到对方皱眉就觉得是厌恶。许多人会通过一些他人外在的表情判断别人的情绪。可是，就拿哭泣来说，背后的情绪可能也会很不同；无论什么情绪到了一定的程度，都有可能会哭泣，比如喜极而泣、委屈的哭、气哭了等。仅仅通过哭泣是不能绝对判断情绪状态的。同样地，厌恶会皱眉，焦虑也会皱眉，甚至皱眉可能只是因为近视。因此，虽然情绪会伴随着外在表情，但外在表情并不绝对意味着一定有某种情绪。

因此，面无表情不一定是无动于衷，泪流满面也不一定是痛苦悲伤，千万不要只凭外在表情去判断和识别情绪。

（四）认为情绪是个需要被解决的问题

情绪只是我们内在的外在表现。就好像我们身体发烧了，背后的真正原因是身体内有炎症，如果不消炎，只降温是没有用的。

如果不处理内在真正的问题，只是一味地压制情绪，不仅不能解决问题，反而可能会产生更大的问题。

情绪是绝对诚实可靠的，它是我们内在认知的映射。除非我们信念改变，否则对同样的事，我们会有同样的情绪反应。

因此，如果我们能识别出情绪，阅读出情绪背后的内在信息，并且妥善运用，就可以获得更健康幸福的心理状态。

那么，情绪背后到底反映了我们哪些内在信息呢？我们到底该如何去应用呢？

接下来就为你分享几个我们传统认知中典型的“负面”情绪，这里的“负面”是加引号的，以说明它并不是真正的负面，而只是一种信息和信号。我们来看看这些“负面”情绪背后到底在传达什么信息，以及我们该如何应对和运用这些情绪。

1. 愤怒

当你感到愤怒的时候，意味着有一个你不能接受的状况存在。比如你可能会为领导的不公感到愤怒，意味着你非常看重被公平对待；你可能会为客户的出尔反尔感到愤怒，意味着你希望客户是言出必行的。

如果你会感觉到愤怒，恭喜你，这意味着你的内在蕴含着巨大的心理能量。

这么说你可能有些疑惑，我举个例子，比如你在公司里遇到了领导的不公。面对不公的时候，有人感到愤怒，也有人感到委屈，甚至有人感到麻木。那么这三种不同的情绪反应，哪一种会更有可能推动你去行动呢？很明显，是愤怒。

愤怒可以推动人们去行动，去改变所不能接受的，这就是愤怒背后的正面意义。

因此，当你感到愤怒的时候，可以仔细去想一想，到底让你愤怒的是什么，你想改变的是什么。

这时候就有两种可能了。一种是你真的可以做些什么去改变，那么也许你可以化愤怒为行动力；另一种是虽然很愤怒但却无力改变，那这时，我们就需要通过调整自己的认知来化解愤怒。

关于“认知调整”的部分，我后文会重点讨论。

2. 悲伤

悲伤意味着你失去了什么，比如可能一个要好的同事离开了，你会感到悲伤和难过；再比如当你回首岁月，发现青春已逝，自己当初的理想似乎越来越遥远，可能也会感觉到悲伤。

这种失去可能是具体的人或者事，也可能是时间、感情、机会等，不一定多么具象的东西。当你感受到悲伤的时候，这个悲伤可能在提醒你生活中真正需要珍视的东西。

当悲伤被接纳后，也会产生一股能量推动我们继续前进。这也是为什么，有时候当你遇到悲伤的事情，甚至悲伤到无法行动时，痛哭一场后会感觉好多了，也可以去行动了。

有些人觉得悲伤是一种软弱的表现，不允许自己表现出难过、悲伤的情绪，这实在是一种对自己很残忍的做法。

当悲伤无法被接纳，就好像一个伤口永远在那里，只是草草掩盖，以后可能会有更大的脓肿。

正如歌里唱的，“男人哭吧哭吧不是罪”，无论男女，当你感到悲伤的时候，都可以找个空间痛痛快快地哭一场，哀悼自己的失去。

然后看看自己到底在乎的是什么，在以后的日子里多多珍惜。

比如，你在乎和某位同事的友情，那以后虽然在不同的公司，也可以常常见面联系感情。

比如，你在乎的是逝去的青春，遥远的理想，那就在之后的每一天都活出自己，努力地向理想靠近。这就是悲伤带给我们的意义。

3. 恐惧

恐惧意味着不愿意付出以为要付出的代价。

比如，恐惧和人交往，背后不愿意付出的代价可能是被别人嘲笑、看不起的风险，或者是不被接纳的风险。恐惧见到领导，可能认为要付出被责骂、贬低、人格受损的风险等。

人要生存，是不能没有恐惧的，在人类的发展史上，恐惧也是有着重要意义的情绪，恐惧情绪可以帮助人类避免危险，使得人类得以更加安全的生存。

但如果我们的恐惧明显与现实情况不符，说明我们头脑中设想的危险和代价可能并不是真实的。

比如前面讲到的社交恐惧，有些严重的人，可能会出现呼吸不畅，濒死的感觉，似乎要付出生命的代价。但如果进入咨询室，和医生或者心理咨询师进行沟通，就会知道这种生理表现并不会真正导致死亡。或者有些人在心理上担心别人会怎么看待自己，会不会有不好的影响，但实际上往往也并不会，或者程度并没有想象的那么严重。

因此如果内在有很大恐惧感，可以试着去思考一下，你自己想象中会付出的那个代价是什么，是不是可以做些什么避免付出或者少付出这个代价。

当我们可以带着恐惧前进时，也就拥有了真正的勇气。

4. 失望

失望代表着你对自己或者对他人怀有期待，失望代表着期待的落空。

如果经常对他人感到失望，可能是自己内心有了太多控制对方的欲望，当控制的欲望不被满足时，就会感到失望。如果是对自己失望，则来自内在对自己的不接纳。

当对他人感受到失望的时候，可以思考一下是不是有试图控制他人的意图。

对自己感到失望的时候，就需要多看到自己的长处，在内在多肯定自己，允许自己有可以不那么“优秀”的空间。

二、如何管理情绪

当内在有了情绪的时候，也有三个步骤帮助我们去进行管理。

（一）识别情绪

首先要意识到自己身在情绪中。听起来很简单，其实很多时候，我们都会否认自己处在情绪中，生活中我们常听到人说：“我没有生气”“我没有难过”，这种否认就是一种压抑自己情绪的表现，虽然暂时会把情绪压制住，但问题依然存在，后续可能还会爆发。

当意识到自己身在情绪中时，可以试着去分辨情绪，看看自己这个情绪到底是什么，是愤怒，是悲伤，还是难过，或者每种都有一些。

当我们能识别出自己的情绪，并能给自己的情绪下个定义时，这个过程中情绪就会得到平复。识别出自己的情绪，并给予定义的过程，也是自我接纳的一种。

（二）接纳情绪

往往我们有了情绪后，随之而来的还有自我否定和批评，类似“我不该这样”“我是不是失态了”，这种自我否定和批评又会带来失望、愤怒、窘迫等，这对于情绪的管理并没有好处。

该怎么做呢？我建议你试着刻意停止这样的一些自我否定的念头，试着去接纳情绪。接纳情绪并不是很高深，只要在那个时刻，允许自己处在这样的状态中就可以，你可以在内心告诉自己正处在情绪的状态中：类似“我现在很生气”“我现在很难过”，也可以更进一步，告诉自己，允许自己处在这样的情绪中，类似“我可以很生气”“我可以哭”“我可以发泄”。

这种时候，你可能会感到对自己的心痛，可能还会涌上泪水，这个过程就是你在自我接纳、自我疗愈的过程。

如果你没有办法进行刚刚我说到的这些对话，你也可以单纯地把注意力放在身体上，感受一下身体哪个地方不舒服，是胸口闷，还是头痛？

然后深呼吸，随着呼吸进一步去和胸闷和头痛相处，把呼吸带到不舒服的位置，如果时间充裕，你可以做到直到自己感受到舒服为止。

通常，经历了前面两个步骤，你就会舒服很多了。如果是日常工作期间，到这里就可以投入到具体的工作中了。如果你还可以继续深入，那你就可以来到第三步了。

（三）探寻情绪背后的需要

前面我们提到过，每种情绪背后都反映着我们的内在心理，当我们能够平静下来，可以回过头看看这个情绪产生的过程。

当我们感受到比较强烈的情绪感受时，让我们在意的往往不只是眼前的事件，可能还有过往自己压抑的需要，或者是一些心理创伤的反应。

所以，看似是为眼前不公而愤怒，其实可能在过往成长的过程中也经历过类似的场景，体验过类似的情绪。比如为一段失去而强烈的难过，可能过往也有过突然失去的经历，这种经历甚至可能是一种被抛弃的感觉。

如果这些过往的需要和情绪没有被看到、被满足，在未来某个时刻，它可能还是会跑出来。

因此，如果可以，你可以在这个部分多去做一些探寻。

前面我们更多地谈到个人遇到情绪的一些情况，但把情绪置入集体中，又会有一些不一样的地方。

情绪是有着社会化的特性的，这是因为情绪具有人际蔓延的特性。你可能听说过“踢猫效应”：一个父亲在公司受到了老板的批评，回到家就把沙发上跳来跳去的孩子臭骂了一顿。孩子心里窝火，狠狠去踹身边打滚的猫。猫逃到街上正好一辆卡车开过来，司机赶紧避让，却把路边的孩子撞伤了。

“踢猫效应”描绘的就是一种典型的坏情绪的传染。人的不满情绪和糟糕的心情，一般会随着社会关系链条依次传递，由地位高的传向地位低的，由上层领导传向基层人员，但基层人员的情绪无处发泄，可能就会传递在工作态度、客户服务上，又对企业造成伤害。

有个调查说企业若能将员工满意度提升 20%，则可以使企业财务绩效提升 42%，因此，企业团队中，不能任由负面情绪弥漫，需要及时关注到团队的情绪状态，并加以调整的。

如果有经常使用本书在前面章节里提到过的员工辅导，通常管理者是可以比较及时发现员工的情绪状态，并且可以利用辅导对话的时间加以调整的。那该如何去调整员工的情绪呢？

三、管理者如何调整员工的情绪

首先，就是放下要改变员工情绪的想法，你只需要如实地反馈你看到了什么，然后给予空间让员工表达就好。

比如，在辅导中，你发现这个员工有一些情绪，你认为这些情绪可能是愤怒，你就可以问他：“我感到你好像有一些愤怒，可以和我说说这个部分么？”当然他有可能会否认，但否认也没有什么关系，他只要在表达或者澄清自己的真实感受，就足够了。

当你允许他这样的表达，允许在这个空间里他可以有这个情绪，等他说完的时候，情绪其实就得到了抚慰。后续你可以继续按照原本的辅导进程进行。

其次，你可以通过日常一些小行动，去增加日常对员工的情绪抚慰，这会让他们在压力下感觉好一些。比如，在布置困难工作的时候，询问一下他们的想法和感受。

在谈论完工作的时候，拍拍他们的肩膀表示鼓励。在他们做得好的时候，给予及时的称赞，让他们能体验到这些小的愉悦情绪。日常愉悦情绪的积累，可以满满地扩散，营造整个工作场合的正向氛围。

如果团队内部现在的关系已经很紧张了，那需要你创造一个时间和空间，让所有人都可以畅所欲言，也许这个过程会很激烈，但只有挑破伤口挤出脓，伤口才能更好地愈合，这个过程就是挑脓的过程。

如果担心自己 hold 不住，可以提前和每个人沟通一下，也提前沟通好解决方案，这样在集体的会议上可以降低发生巨大冲突的概率。

同时，日常也可以定期召开部门的沟通会。

在这个会议上，每个人都可以依次发言，领导基本不做建议和评价，这样的定期沟通机制有利于团队的小问题及时沟通和解决，也会促进团队成员彼此间的理解，增强团队凝聚力。

本章练习

回忆一个自己曾经有过的一次情绪激烈的场景？

问问自己，在这个场景之前，有没有经历过同样的场景，从小到大能想到的类似场景都可以记录下来？

问问自己，这背后自己没有满足的需要是什么？

第十三章　认知模式：破除错误认知，建立新信念

在职业生涯中，许多人会无意识地在同一类事情上产生情绪，或者是反复在同一个地方有挫败感，这里面有个关键的影响因素，就是每个人的认知模式。什么是认知模式呢？

20 世纪 50 年代贝克（Judith S.BecK）博士发现，他所有的抑郁症患者都会向他报告思维中出现的“自动的”负性思维。他开始帮助他的患者识别、评价，以及应对他们这些想法。当他这么做之后，患者们很快取得了改善，后来这种治疗方法被称为认知行为治疗，也就是 CBT（Cognitive Behavior Therapy）。

认知模式是自动思维产生的过程，是我们组织和加工信息的方式，也是我们看待世界、看待他人、看待自己的方式。

在职场情绪问题中，如果想要做出彻底的改变，必须通过对认知的调整。而且，识别自己的认知模式并进行调整，是通过个人练习就可以达成的。对于现代职场人来说，完全可以学习一些认知治疗的方法，从而成为自己的心理咨询师。

本章会归纳总结一些职场常见的错误认知模型，然后分享一些简单有效的调整方式。

一、认知模式是如何影响我们的行为和反应的

著名心理学家贝克和埃里斯（Ellis）都曾说过：“外在发生的事件和情

境并不决定人们的情绪和感受，人们的情绪和感受更取决于人们如何解释这一情境。”

我们设想一个情境，假如领导分配了一个困难的工作，则不同的人可能会出现非常不一样的情绪及行为反应。

比如A会想：这个工作很困难，说明我的领导想重用我，我必须要想办法完成好。于是他开始思考有哪些资源可以调动，有谁可以帮助自己。

B会想：又来了，他就是想折磨我。于是他感到气愤、委屈，把工作扔到一边。

C想：这太难了，我好没用，我永远不可能完成的。于是，他感到很无力、难受，并开始刷手机试图转移自己的注意力。

D想：我完成不了怎么办？领导会怎么看我？我会不会丢了工作？他因此会感到很焦虑，并不停地逼迫自己去做点什么和工作相关的事。

我们能看到，对于同一件事情，不同的理解和想法，我们会产生不同的情绪和反应。你可以注意在日常工作、生活中自己思维层面发生了什么。

比如说现在，你在读这本书，读到这里的时候，你的思维可能会有两个部分：一部分是你试图理解我在说什么，去整合我分享的信息；另一部分是你可能脑海中正在闪过一些快速的评价性思维。比如说：“我觉得自己学不会。”或者是：“这个对我很简单。”

这些思维就是自动思维，是自动涌现的，你也不会去评价和思考这些思维是否真的正确。

这些自动思维从哪里来呢？它们来自我们从小形成的，对自我、他人和世界的看法，也就是我们谈到的信念。

信念分为两个层次，分别是中间信念和核心信念。

中间信念是一些我们坚信的规则、态度和假设，比如：

- 失败是可怕的。

- 世上无难事，只要肯放弃。
- 如果无法完美，别人就会不喜欢我。
- 假如我做困难的事，我会失败；如果我避免去做，我就没事。

这些都属于中间信念，中间信念通过识别、觉察、练习，是非常有可能被我们自己发现的。

而核心信念在潜意识的最深处，通常难以很明显地意识到。

但没有关系，当我们去识别发现以及调整自动思维和中间信念时，核心信念的部分也会悄悄发生变化，我们并不需要，也不必从核心信念开始调整。

两类比较典型的核心信念是“我不值得被爱”和“我很无能”。我们在前面谈到的很多问题上，如果持续深挖，多多少少都会发现这两个核心信念的存在。

总结一下，核心信念会产生中间信念，中间信念又会派生出自动思维。

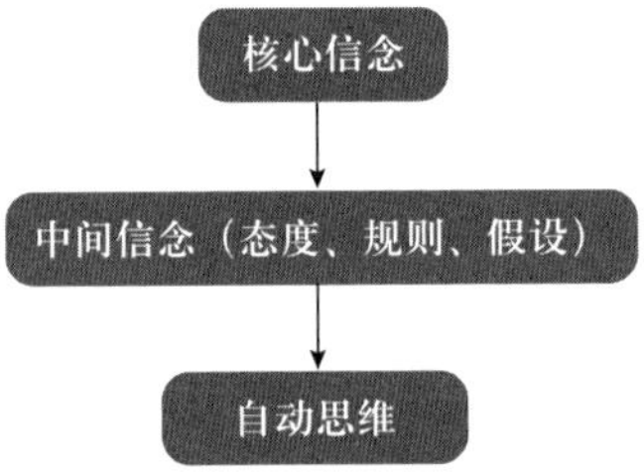

图 13–1　两个信念

在外界的刺激情境中，一个人的核心信念会影响他的内在心理过程，以自动思维表现出来。这些思维又反过来影响人的情绪、行为及心理反应。

我们以领导布置了困难工作这个情境为例，看看小王的信念如何影响他的思维，思维又是如何反过来影响行为。

核心信念：我很无能。

中间信念：

- 态度——失败是可怕的；
- 规则——世上无难事，只要肯放弃；
- 假设——做了会失败，我不做就会没事。

情境：领导布置了困难的任务。

自动思维："这太难了""我好笨""我不可能完成的"。

反应：

- 情绪——气馁；
- 生理——身体感到沉重；
- 行为——逃避任务，开始打游戏。

如果小王能够识别到自己的自动思维并进行评估修正，那么他的情绪、生理及行为，就很有可能会发生积极的变化。

比如，他可能会审视自己的自动思维，并告诉自己："等等，这虽然很难，但我不一定完全什么都做不了。""上次小李做过类似的工作，也许我可以请教他。"如果他能这样对自己说，他的无力和气馁可能就会减轻，并且可以继续工作。

所以，为什么同一件事有的人会有负向思维，有的人不会有，这是因为核心信念的不同影响了人们对事件的内在心理过程。

读到这里，你可能就理解我说的认知对我们的影响了。那如何调整认知模式呢？

二、如何调整自己的认知模式？

（一）识别自动思维

当你在职场中遇到一些让自己情绪波动比较大的事情时，可以停顿一两秒问问自己："我刚才在想什么？"或者："有什么浮现在我的脑海中？"

你要记录下这些念头，这些就是你的自动思维。

如果你再问问自己为什么会这么想，如果在许多情境中“为什么会这么想”的答案都可以归纳为类似的答案，则这很有可能就是你的中间信念了。

无论是调整自动思维，还是中间信念，都可以帮助我们调整改善整个认知模式。不必纠结必须找到中间信念，只要你不断地自我觉察、练习，就会越来越好。

（二）检验认知

当你识别出自动思维或者中间信念时，可以进一步检验一下这些认知是不是可信的、是不是有错误的。

需要提醒你的是，这些认知很少是完全错误的，它们包含着一些事实的部分，但这不意味着它是完全正确的、不可被调整的；也不意味着它一定是需要调整的，你只需要找出其中不合理的部分加以调整就行了。

再分享几个问题，帮你审视自动思维，你可以问自己：

- “这个想法是完全真实的吗？有多少比例是真的，有多少比例可能是假的？”
- “支持这个想法的证据有哪些？反对这个想法的证据有哪些？”
- “最好的结果是什么？最坏的结果又是什么？最现实的结果可能是什么？”

另外，你也可以套用下面几种典型的认知错误，来检查评估自己的认知是否需要做调整：

1. 应该思维

应该思维，简单来说，就是认为事情应该是怎样发展的，认为领导、同事应该怎样做事，认为下属应该知道等。

总之，就是认为人事物是有一套“应该”的运转规则，如果不按照这种运转规则做，就会让你生气，觉得别人错了。

这背后有一种强大的控制周围的人、周围世界的自恋。

实际上，人和这个世界太丰富了，有各种各样的人，也有各种各样的事，是很难统一一个绝对的真理的。哪怕是牛顿的物理学定律，也有它不适用的时候。

所以，如果发现你的认知中有类似“应该如何如何”这样的描述时，那就是一个需要去调整的认知。

比如说，在前面的例子中，小王认为领导应该考虑他的能力，给他布置适合他当前能力的工作。那他可能会觉得很生气，然后消极怠工表示抗议。但如果他及时发现了自己这个想法中的“应该思维”，然后接受没有什么是必须应该的，领导这样做确实也是有可能的。这个时候，他愤怒的情绪就会减少很多，那他的应对行为也不会是消极怠工，可能他会去找领导沟通一下自己的困难，也有可能他会选择向其他的人寻求帮助。总之，当他不再纠结在“应该如何”时，才是他走出困局的开始。

2. 没有选择

在职场中，常常会听到许多人的纠结是二选一的情况，类似“要么忍，要么滚”“职场还是家庭”“大城市还是家乡”，当我们必须在两个里面选一个，而选任何一个都意味着要失去或者放弃另一个，这时常常有无力感。

有句话说：一个选项叫必然，两个选项叫抉择，只有三个选项才能叫选择。当你只能二选一的时候，就会感觉到纠结痛苦，难以行动。

如果发现自己有二选一的情况，马上告诉自己，凡事都有三个以上的选择。然后，你可以思考看看，第三个选择是什么？或者更进一步去想想，如果我两个都要会怎样。

我曾经是从事管理咨询工作的，这类工作需要大量出差。因此，当我生完孩子、休完产假时，遇到了很多女性会遇到的经典选择：“选事业还是选家庭？”

幸好当时我已经开始学习心理学了，因此我没有被两个选项困住，我问自己："如果我又要现在的事业，又要每天回家看到孩子，可以怎么做？"

我当时思考的结果是，最好我在上海有个客户可以让我服务他们几年，这是我的第三个选项，也是我最希望达成的选择。

然后我开始想办法实现这个目标。结果，我真的通过前同事，找到了一家业内公司，他们正好在开拓一个上海的客户，需要一个项目经理。于是我跳槽到这家企业，虽然一开始这个客户给的业务量很小，但整个团队还是很用心很努力地去做了，并且我们也做了很多的宣传推广工作，后来我们拿下了大单子，我真的服务了这家企业 3 年的时间，这 3 年也让我避免出差，可以每天照顾孩子。

对我来说，跳出二选一的陷阱，创造出第三个选项，让我的困局马上找到了方向。如果你也正陷在这样的两难中，可以问问自己："如果全都要，我可以怎么办？"

3. 任意推断

这是指只凭借只言片语，或者很少的信息，就简单地推定一个结论，认为一定这样。比如：

- 老板给我这么困难的工作，一定是想搞我；
- 他这么说，就是想把所有责任都推给我；
- 老板批评我了，老板一定很讨厌我；
- 客户这么说，一定是不想要了；
- ……

如果你很轻易地下了一个结论，你的情绪会有很大的反应，继而影响到你的行为，比如逃避、发生冲突，等等。但我们所得到的信息可能是不完全的：

● 领导给你这么困难的工作，可能是因为他觉得其他人更加没有可能完成；

● 同事那么说，也许没有任何推卸责任的意思，他只是希望更快找到解决的方法；

● 老板批评你，可能会是因为对你有更高的期待；

● 客户说不需要，其实是他的预算还不够；

●……

当你能够这样去想，意识到问题的产生不是某一个单一原因造成，而是有更多可能原因，情绪就不会那么强烈了。

（三）改写认知

如果通过前面两个步骤，你看到自己的一些认知需要调整，但你未必能像我刚刚说的例子一样，马上转变思维。这时，你可以借助一些方法进行思维和信念的改写，以达到调整认知的作用。

1. 改变范围法

把你在情景中的感受拉到更长远或者是更短暂、更大的人群或者仅个人观点既从较大或者较小的视角中重新看待这个情景，重新评估。

以领导分配了困难的任务这件事看，如果拉长时间看，这个任务总是会结束的，在整个职业生涯中，这个困难也是暂时的，甚至如果再积极一点考虑，对职业生涯来说，这段经历会是非常有价值的，也许未来都可以在简历上添一笔的。

如果从相对短暂的时间来说，项目可能 3 个月结束了，那只要坚持熬过这 3 个月，也就结束了。

虽然这个想法也不是那么积极，但至少会有一些松动的感觉，而不是像之前一样僵在原地。

如果我们扩大人群的范围，从更广阔的视角看待这件事：如此困难的工作可以让你接触到更大的客户，认识更厉害的人，甚至也许这个任务很有意义，如果完成会造福一部分的人。

如果缩小视角，只看自己个人的观点：不管这个任务能不能完成，但你个人一定会有所收获，有所成长。

这就是通过改变范围大小，让我们从完全不同的视角看待同样一件事，也许会带来不同的感受以及不同的认知角度。

2. 改变环境法

同样的人和事，在不同的环境里会产生完全不同的价值。

比如，你觉得公司生产的产品是不会有人买的，肯定卖不出去。那你应该把问题改成："在什么样的环境下，才会有人买我们公司的产品？"

如果针对人，也是一样，比如你可能觉得："我能力不行，没有竞争力。"

那你就可以想："在什么样的环境下，我比其他人会更有竞争力？"

再如，你觉得没有办法向领导开口提要求，也可以问问自己："在什么样的环境下，向领导开口会变得容易？"这样的思考方式，也会带给你新的认知角度。

3. 改变结果法

这个方法的原理是，世界上所有的事情是没有意义的，它身上所有的意义是人加上去的；既然是人赋予的意义，那就可以有正向积极的意义，也可以有负向的意义。

我们可以把自己原本认知中的负面结果，改写为一个正面结果，然后写下"因为……"，去补充后面的原因。

例如，原本的句子是："因为工作很烦琐，所以我觉得很辛苦。"

我们去掉"因为"，把工作烦琐变成一个单纯情景的描述，然后把"很辛苦"这个消极结果，改写为一个相反的积极的结果，之后探寻原因。就变成："工作很烦琐，所以我积极投入，因为……"尽可能多地去写"因为”，例如：

- 因为这锻炼了我的耐心；
- 因为这推动我和更多的人沟通；
- 因为这让我可以发现很多过去没有发现的细节；
- 因为这让我可以有很多新的体会；
- 因为这推动我重新梳理、安排我的工作。

当我写稿的时候，我脑海里真的浮现了最近觉得很烦琐的一个工作，上面的内容都是自然而然写下来的，写完之后感觉好多了，内在涌现出一些热情。你也可以去试试这个方法。

本章练习

请你在生活中去发现自己的自动思维，并且去识别检验自己的认知模式，找出三个需要调整认知的句子进行改写，并把它们写在表格里，自己对照看看。

原句	改写

模 块 四

提升职场工作效能

第十四章　拖延：每个拖延背后都有一个不合理的信念

明明任务很重要，但却没有办法开始，总是有各种原因让我们赶在最后一刻匆忙地完成——类似这样拖延的场景，是职场中常见的状况。当这种拖延发生时，也常常伴随着自我责备，比如“懒”“不自律”“不上进”等。

这样的自我责备，不但不会解决拖延的问题，还会让内心一直被这些评价困扰，身心也不能放松。看起来你好像没在工作，但也并不轻松，哪怕在刷手机、听音乐，也不会真正沉浸其中，似乎只是麻木地让时间流逝。

如果你出现过刚刚我说的这些情景，很有可能你的拖延背后和懒、自律没什么关系，而是有着其他的更深层次的心理原因。

一、拖延背后深层的心理原因

（一）完美主义

对于完美主义者来说，每一项任务背后似乎都有一个隐藏的眼睛在审视。如果没办法做到完美，就意味着失败。而失败带来的痛苦是完美主义者不想承受的。就好像有些人因为恐高，无法在玻璃栈道上迈出第一步，对于失败的恐惧，会让完美主义者无法开始行动，而是一拖再拖，直到最后期限的到来。当最后期限迫在眉睫的时候，完美主义者们会匆忙潦草地完成这个任务。

因为当时间很紧迫时，哪怕自己没有做到完美，也可以认为不是自己不行，而是时间不够。自己也可以在心里告诉自己："不是我没做好，是时间不够。如果给我足够时间，我可以做到完美。"这种方式，可以避免对自己能力的否定，从而避免自己的自尊受伤。

因此，当完美主义者惧怕失败的时候，他们会通过拖延的方式应对。

如果我们用认知模式细细剖析完美主义，里面可能隐藏着一些不合理的信念。

1. 平庸会被看不起

对完美主义者来说，如果表现平庸，则意味着会有被他人看不起的风险。

这一认知有可能形成于儿时的成长经历中，比如小时候只有在表现出色的时候才会被父母表扬，如果表现一般，则会受到责骂或者刻意的忽视。这种责骂和忽视带来了羞耻、愧疚甚至被抛弃的恐惧，使得孩子在那个时候就学习到，只有完美才会拥有父母的爱，而平庸只会带来痛苦。

成年后这一认知带到工作中，就会表现为完美主义。于是，当任务有平庸的风险时，就会通过拖延来证明不是自己平庸，而只是时间不够。

如果有着这样的信念，可以试着用新的信念替代，比如：

- 所有人都有表现一般的时候，并不会因此而被看不起；
- 我的价值并不需要向谁来证明；
- 还可以以更自我接纳的视角调整，比如：我有时候耀眼，有时候平庸，耀眼和平庸的我都很美好。

你也可以自己改写，直到这句话改写到你觉得自己内在是接受的，同时可以给你更自由的视角。

2. 优秀是不用努力的

完美主义者的背后也有对自己能力的过度期待和幻想。他们会想象自己可以轻而易举地完成工作。通过勤勤恳恳、老牛耕田的方式完成任务，打破内在对于自己这种超能力的幻想。

于是，拖延成为让自己保留在超能力幻想中的一个方式。

毕竟只要自己不付出全部的努力，就永远可以自我欺骗——“我可以很优秀，我只是还没开始。”面对这种认知，可以去调整一下信念，比如：

- 努力的过程已经就是优秀了；
- 优秀可以通过持续进步达成。

另外，还可以调整成更有包容度的信念，比如说：

- 自己有进步就很优秀；
- 我总是有优秀的部分，也有可以再提升的潜力。

（二）攻击性的释放

在小时候，当父母唠叨我们要去写作业、刷牙，或者其他的小孩子不喜欢的事情的时候，孩子不敢反抗父母，但会通过拖拖拉拉来隐晦地表达对父母的反抗。

长大进入职场后，我们会把这一模式带入工作场合，比如，你对你的领导、同事或者客户有很多不满，但因为种种原因，你没有办法表达不满，或者拒绝他们的一些要求。

这时，你可能会看到这个工作后觉得很烦躁，本能地拒绝推进工作，最后通过拖延工作的方式表达对对方的不满。

前两周，我有个朋友向我吐槽说，他那个难搞的客户又提了一大堆奇怪的要求，还闹到了他的领导那里，导致他的周六过得非常糟糕，领导发了很多消息和他沟通后续该如何推进。

从理智上讲，他很明白领导说得有道理，但他内心仍然觉得愤愤不平，觉得客户无理取闹，也觉得领导不够理解自己，虽然这个工作的推进在这个阶段只需要他发几封邮件，做一些沟通，1 个小时是绝对能完成的，但他整个周六的下午都根本不想打开电脑。他只是麻木地刷着手机，甚至当天晚上他都没有睡好，一晚上都在生气，然后一直拖到不得不去应对时才行动。

他的这个做法，就是典型的无法表达内在的愤怒和攻击，于是这个愤怒和攻击，一方面通过拖延来表达，另一方面也向内转移，导致他整个周末都闷闷不乐。

如果你有类似的情景，需要去思考一下，平时是不是过于压抑自己、缺少释放攻击性的方式，或者在日常沟通中，也有回避冲突的倾向？

争执冲突也是沟通的一种方式，并不需要完全放弃这种方式，只要不把争执冲突上升到情绪发泄和人身攻击，有些时候，一些激烈的沟通反而能打破僵局，推进工作。

所以，适当地向客户、向领导流露出一些自己的小情绪，甚至有时候“怼”一下对方，并不见得是件坏事，偶尔释放攻击性，才会避免积攒长期的压力，最后来一个大爆发。

我们在职场中经常见到老好人忽然爆发，或者突然离职的情况，一般就是攻击性压抑得太久了，一旦爆发，就是“核弹”级别。

以前曾有个调查，说职场中有一些“难搞”的员工，平均收入会更高。从这个调查也可以侧面看出，释放攻击性在职场中有时候不见得是坏事。

如果做不到，或者确实不方便去和领导、客户“充分沟通”，也可以寻找一些其他的释放攻击性的方式。比如把不满都书写下来，然后撕掉，也可以找个朋友狠狠地吐吐槽，或者运动发泄都可以。

（三）过度地担忧

在完成一项任务时，可能会有一些新的经验或者新的变化，因为自己没有经历过，从而对这些全新的未知的部分感到忧虑，想东想西。但过分焦虑和担忧，反而让自己困在原地，迟迟不能行动。

我曾经遇到过一个案例，有一位同事，他和领导一起对接了一个非常优质的客户资源，大的方向领导都搞定了，他只需要完成这个客户的后续跟进工作。

但是，因为这个客户的资源太优质了，他在做原本很流程和制式化的对接工作时，变得无比慎重，生怕自己哪里做得不好，影响到了这个客户的合作，于是他变得患得患失，生生把工作困在原地，不能推进。

在这个案例里面，他的很多担忧是很不合理的。比如说，他夸大了自己的工作对于客户做出合作决定的重要性，客户决定合作，肯定是从客户自己的需要和服务提供者的关系、成本、利润、便利性等多重角度考虑的，哪怕他后续的对接落实工作真的会出错，或者造成一些客户的不满，客户真的会因为这一点点不满而彻底不合作吗？客户更可能的状况是先反馈，表达需求，那就总会有补救的机会。

再一个，既然客户如此重要，如果流程上真的有什么需要特别注意的，领导也会反复提示他，即使有可能这个领导过于粗心，忘记了提示，他也可以去和领导沟通。而他则是自己完全承担了任务的责任，完全没有去了解领导的期待以及沟通，只是沉浸在自己的忧虑中，从而寸步难行。

如果你有类似的担忧，最简单的方法是先尝试去做，然后根据前期行为的反馈做调整。当对未来无法预测的时候，边做边调整才是最有效的方法。

这种过度担忧的背后，隐含的信念是："错误是不被允许的。"这类朋友在成长过程中，身边可能有着太多指示，总有人在身边评判他做得对不对。

说到这里，我脑海中马上浮现很多情景，有些孩子在生活中真的是怎么做都不对，动作快了，是慌慌张张不稳重；走路慢了，是不上心拖拉；饭多吃一口，是馋，饭少吃一口，是挑食……反正怎么做都是错，只要一行动就会被批评，只有不行动才最安全。

这类孩子长大之后面对职场的工作，内在也会充满纠结，怎么好像都不对、都会有人出来说你错了。

而在职场中，很少有工作是有人一步一步告诉你该怎么做的，而且很多工作没有标准答案，常常都是“快做快错，快错快改”。如果你有类似的情况，要告诉自己的信念是：错误是很正常的；错误都是可以被调整的；错误也是一种测试，告诉我们该如何行动；试错也是工作推进的重要一环；等等。

（四）自卑

自卑就是自己不相信自己有能力，所以在面对任务的时候，自己不相信自己有能力完成，于是根本不会去尝试。或者是稍微进行了一些尝试和推进，只要遇到了一些困难，就会加强内在对于自己能力不足的认定，会在心里对自己说“看，我就是不行”“这个我肯定做不到”，或者有的时候在工作中因为自卑不敢开口求助，不敢去拒绝工作，于是只能拖拖拉拉，欲言又止，最后的结果就是拖延症。

在职场环境中，这种自卑造成的拖延，最后会导致任务无法完成，反过来加强了对于自己能力不行的认知，使得自卑的感受更强烈。越拖延越自卑，越自卑越拖延，陷入了恶性循环。

如果你有自卑的情况，需要更多地把注意力放在自己每次的进步上，多肯定和鼓励自己。也给自己多一些成长的时间，每一个小小的肯定和成功才会积累出大的自信。

刚刚我说的这四种原因，都是造成我们拖延常见的内在心理因素，我们可以通过信念的识别和改写，有效地缓解这些心理压力。

二、如何改善拖延的情况

（一）设置小目标，去做最小的一步

拖延的背后可能有完美主义或者是过度担忧的心理，无论是哪种，体现在行动上的表现就是不敢做第一步。

只要开始了第一步，也许速度不是很快，但只要开始行动，就会带给你新的体验和感受。

通过每一个小小的积累，不知不觉可以前进一大步。

我有时候觉得网友们很懂这一点，我看到网友给自己喜欢的影视剧导演留言，问第二部的剧本写好了吗？第三部立项了吗？第四部的文件夹建好了吗？我们在面对拖延的时候，也可以先去建个文件夹。

完成了这第一步，再往前的一小步可能是建个文档、打个电话、发个邮件、写下第一句话等，这样慢慢推进，不必完美，开始就好。

（二）把不想做的事替换成为毅力成本更低的事

我们可以把自己不想做的事替换成毅力成本很低的事。比如说，我在假期一直想写文章，但我依然每天都躺在床上刷手机。

为了改变这种情况，我第一天就只做了一件事情，就是把我写文章需要用到的书都放在我的床头柜上。做完这件事情以后呢，我顺手再多做了一点，打开了我的电脑，看能不能写点什么。

其实第一天我大概就写了三行大纲，每行不超过 20 个字。但做这个事情后，我觉得自己就已经挺成功了。因为做这件事情后，我第二天可能就要比第一天写得多一点，在第三天的时候，我就花了两三个小时，专注地来写文章了。

（三）及时给予自己奖励

前面讲到的几个原因，都有着对自己过于苛刻、缺乏接纳的意味。如果我们总觉得达到目标是应该的，没做到就对自己反复批评，但没有奖励的行为，则很难长期坚持下去，特别是一些短期看不到效果的行为。

我们如果需要去加强某一个行为，一些小的频繁的刺激非常有必要。

如果你一直否定自己，那么你也问问自己，当你做得好的时候没有给过自己奖励呢？

因此，可以常常给自己一些小的奖励，正在拖延时可以告诉自己：今天太辛苦了，奖励自己 1 小时好好玩耍休息。

这 1 小时变成彻底地放松休息了，而不是 1 小时拖延内耗。1 小时后蓄完能、充完电，你会更有行动的动力，而不是被自我责备搞得一身疲惫。这也是我们说的“Play hard，work hard”。有些人只允许自己先 work 再 play，其实有时候，先 play 再 work 也是可以的。

本章练习

找出你正在拖延的一件事，尝试找出一个推动它的小行为，或者在不喜欢的任务中，给自己设置一些小的阶段奖励或回报，比如一份美食、半小时的放松都可以。

然后体会一下，这样做以后，内在有什么变化。如果能感觉到内在有一些卡住的地方，尝试捕捉那些卡住的念头是什么，然后写下来，尝试找找其中不合理的地方进行改写。

这个过程不需要你一次性完成，可以给自己一些时间，慢慢尝试，慢慢调整。

第十五章　逆境：身陷逆境时该如何脱身

智商和情商在职场中的重要性被大多数人所认可，进入竞争加剧、创业氛围弥漫的 21 世纪，逆商被看作职场人取得事业成功的另一重要因素。在智商和情商都差别不大的时候，逆商甚至会成为通往成功之路的决定性因素。

逆商 AQ 来自英文 Adversity Quotient，全称逆境商数，一般被译为挫折商或逆境商。它指人们面对逆境时的反应方式，即面对挫折、摆脱困境和超越困难的能力。有些人会简单把逆商的培养等同于挫折教育，甚至在孩子的教育或者管理培训中特意加入挫折的体验。比如前几年有个新闻，在某些领导力培训中有个环节是小组的成员一起批评、攻击一个成员，结果一个女学员因为情绪激动猝死，闹得沸沸扬扬。在我看来，这种刻意的挫折体验，对于逆商的提升不一定会有效果，甚至有可能会适得其反。如果一个人的内在是脆弱的，也没有建立面对逆境的认知模式，当挫折袭来时，他的内在因缺少支持的力量，就如同摇摇晃晃用脆弱的纸壳搭起的房子，一个小石子就可以让他崩塌。而如果我们能够用科学的结构去组合排列，哪怕原本是纸壳，也能负担千钧重量。

我不否认，有些人在挫折和逆境中会反弹迸发出巨大的力量，甚至脱胎换骨；但我也看到，对有些人来说，当挫折过大时，他的内在可能会被完全地摧毁，而摧毁后重建的过程非常艰辛。对这些人来说，如果我们能一点点调整结构，再一点点去面对挫折，这个过程可能是更适合的，是对大多数人来说也更有效的。

本章从认知的角度讲逆境，如果你正身在逆境中，也许这就是你内在结构调整的第一步。

逆境是一种主观感受

多年前，在我参加一个课程学习的时候，老师问了大家一个问题：“成功的反义词是什么？”有人回答：“是失败。”

老师又问道：“如果成功的反义词是失败，那我们为什么说失败乃成功之母？”

大家都陷入了沉思。老师后来告诉了我们他的答案：“成功的反义词是放弃，只要我们不放弃，我们就永远在成功的路上。”

成功的反义词不是失败而是放弃。这大概是我成年后第一次震动心灵的逆商教育，这句话后来在很多时候都激励了我。

随着我在心理学领域更加深入的学习，我对逆境有了更多的理解，逆境其实是一种主观的心理感受，和你如何看待它有关。就好像前面这个例子，当你遇到一次失败时，如果你把它看作成功路上的一个过程，则这次失败就变成了成功的一部分；如果你把它看作一个终局，则这次失败就真的是个巨大的挫折。

然而，人生起起伏伏，每个人都会经历低谷和高峰，没有谁会一直在高峰，也没有谁会永远在低谷。如图 15-1 所示，当你在 A 点的时候，你可能觉得自己已经站上了巅峰，但其实，也可能是“出道即巅峰”，未来仍需努力。而当你在 B 点的时候，你似乎觉得看不到希望了，但其实，后面的每一天都比现在好。如果你正在 C 点，也不会太舒适，觉得自己过得太辛苦了，但其实你已在成功的前夜。

我们真的很难去定义真正的逆境是什么，巅峰也可能是下落的开始，低谷也有可能是触底反弹。但从人生的角度看，起起落落都是体验，而当我们到达一定高度后，回味往昔的时候，那些痛苦挣扎的时刻往往是更加刻骨铭心、念念不忘的。如果我们把人生看作一个游戏，每个人生的逆境，可能都是我们需要通关的 BOSS，当你开了外挂带着金手指时，整个游戏过程虽然会非常顺利，但很快就会觉得索然无味。人生也是如此，经历的困难会让成功和幸福的味道更醇厚，让我们的人格更丰富，这也是为什么有一些人随着年龄的增长，会让人觉得更加的富有魅力，这样的人一定是经历过低谷，走过了波折的人，过往的困难磨砺了他们的人格，让他们成长为更好的人。

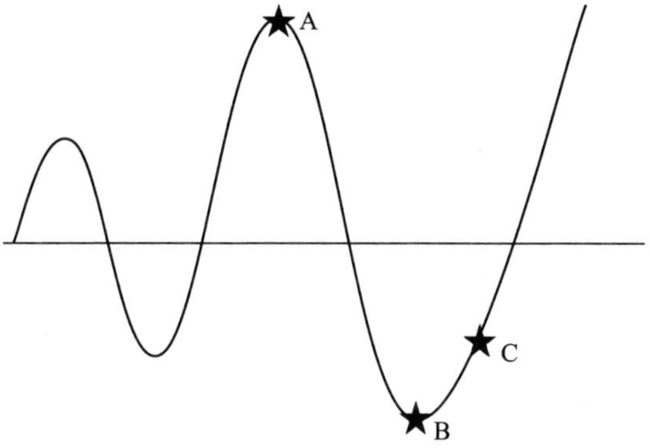

图 15–1　低谷和高峰

总之，逆境只是一种主观感受，越是重大的项目和事业，过程中的波折越多。如何看待这些波折，影响着你如何行动，进而影响你从谷底站起来的速度。所以，从现在开始，重新问问自己，这到底是逆境，还是通往成功之路的过程。

身陷逆境时，该如何做才能更快地改变现状呢？有三个角度供参考。

1. 面对现实，调节控制感

在逆境时，对现实的控制感会影响一个人的心态。如果认为外界是完全不受自己控制的，自己无能为力，可能会听天由命，“躺平”了之。如果对现实有控制感，会更倾向于思考自己可以做什么而改变现状。

这里提到控制感，并不是说控制感越强越好，而要符合现实。比如有些人，对自己可能有着过于理想化的想象，对于外界的控制感可能比实际拥有的控制能力超出很多。比如，一个曾经在大企业任职高层的人，日常基于职权、平台所带来的权力和资源，可能会让一部分人对自己的能力有了过高评价，导致当他离开平台自己创业的时候，对自己的控制能力有超出现实的期待，从而现实往往会给他迎头一击。这时，就需要他快速面对现实，重新评估自己的控制范围，将精力集中在自己能掌控也能做好的事情上，舍弃那些耗费成本、精力但无效的事情，就会更快地走出困境。

有一种情况是，感觉自己对现实毫无控制感。这种想法从客观上看并不真实，因为一个正常的成年人不可能任何事情都无法控制，但现实中真的有些人在心理感受上是对现实失控和毫无掌控感。比如，我曾见过结婚生子后仍然无法决定每天吃什么穿什么，被父母完全掌控生活的来访者。这个来访者在生活中的表现就是很无力，毫无主动性，工作也是敷衍了事，对孩子对爱人也无力照顾，但他很明显也还不到抑郁的情况。对他来说，需要意识到自己已经长大了，已经不是无力挣扎的孩子，可以从小事开始一点点拿回控制感，就从决定每天自己吃什么穿什么开始。从小事开始逐步拿回控制感，内在改变的力量会随着一点点回来。

大家可能听过一句话叫：“改变自己能控制的，接受自己不能控制的。”这句话当我们身处困局的时候，可以拿出来读读，是一句教我们面对现实，接受现实，聚焦未来行动的一句话。

2. 保持日常，限制影响范围

在逆境时，如果困难的影响范围无法被限制在某一个范围内，而是无限的向方方面面扩散，反而会造成更大的心理压力。比如，丢了一个大客户的单子，理智的做法是快速地寻找原因加以改进，避免其他客户因为类似的情况丢单，还需要找到更多的客户来填补业绩的空缺；但有些时候，这个事件会变成部门的批斗会，反反复复纠结在谁要承担责任、谁要受到处分，变成内部的大内斗，所有人的精力都集中在如何避免责任，内耗对于目标的达成毫无帮助。

对于个人的生活来说也是，当在职场中遇到逆境时，虽然我们没办法完全不把情绪带回家，但最好不要影响到自己的日常生活节奏，该吃吃该喝喝，和家人的生活也最好不要放弃。有些人，在遇到困难，心情不好的时候，可能会取消和家人的外出，日常的饮食都会发生改变。如果真的很难过，偶尔这样是可以的。但最好还是能够保证日常规律的生活，特别是和家人的日常生活交流。能够保持平稳的日常生活，可以尽可能减少职场中的逆境影响扩大至自己的家庭、生活，维持一个稳定的后方，才会更有力量集中精神解决眼前的困境。

3. 自我肯定，寻找机会点

在逆境中时，人会忍不住产生很多的自我怀疑、自我否定，也会出现不够自信的情况，这种时候，有一些简单的调整思路，帮助我们调整思路找回自信，当有了自信的支持，也会更容易寻找到突破的机会点。

逆境中人对整件事的否定很容易是全盘的否定，但实际上，虽然整件事没有成功，但你做到 10% 失败，和做到 30%、50% 还是 80% 失败还是很不同的。哪怕是刚起步就失败，也和完全没尝试不一样。你总是可以从做得不那么成功的事情中，找到其中做得成功的地方，或者有利的地方。比如，我曾经有个朋友，经历了人生的低谷，有 3 年的时间陷入抑郁，没有正常工作。但这 3 年的时间，她在不断地自我斗争和内省过程中，深入认识自己，了解自己，也不断去调整自己的思考方式，写了满满几大本的日记。当她重新步入职场时，成为了情绪更稳定更成熟的人，发展的速度也很快。如果没有这 3 年深刻思考的过程，可能她 3 年后也不会发展得这么快，看似停滞的 3 年，里面也有非常值得称赞的地方，而且对她来说影响深远。

人生中每个踩过的坑都是宝贵财富。我曾经深度参与过一个创业团队，后来因为种种原因这个项目失败了，但我还记得，我当时和头号创始人一起参加一个创业者的私董会时，这位创始人分享了他在融资和创业过程中所有踩过的坑、受过的伤，其他创业者对他的分享反响热烈，会后仍然围着他交流。你看，即使是失败的经验，对其他人来说，也都是宝贵的。虽然这次创业失败了，但这段经历影响了我看待企业运营的视角，也让我能够更好地理解来访中的创业者们；当时一起创业的伙伴们，现在也都发展得很好，大家收获了友谊，也各自有了新的发展平台，并没有谁真正的因为这次失败而失去未来的机会。

逆境中也常常蕴含着机会，有时候人们会过于执着自己的某个想法，而忽略了真正的趋势和机会。遇到困难时，可以思考一下，方向对不对，如果方向对了，运营的细节是不是不到位。如果是方向错了，马上停止也好过朝错误的方向努力。在我直播的时候，曾有个网友分享，她当年考公务员 3 年没有成功，放弃后进入了自己现在的行业，结果发展得也很好。我大学曾有个学长，大学里因为挂科太多肄业，没有拿到学位证。因为这个原因，他很珍惜自己的第一份工作，在这家 IT 公司里任劳任怨，勤勤恳恳。由于他沉下心在行业深耕，成了这家企业的资深员工，也成了行业专家，后来他成为了高层还拿到了股权，伴随着行业的发展和企业的进步，也达成了自己的发展。

总之，逆境中的你和发生的事情，并不是一无是处，客观看，你总能找到自己在逆境中的闪光点，肯定自己的闪光点，相信自己，才能更有力地迎接挑战。逆境中也往往蕴含着机会，需要我们客观冷静地看待逆境中发展的事情，只要大方向没错，一时的起伏不会影响最终高度。

本章练习

这是我自己曾经坚持练习了3个月的一个练习，对于培养我乐观积极的思维方式非常有效，这个练习可以每周做一次，也可以当作每周的小总结：

1. 我本周做得最成功的三件事？

2. 我本周做得不理想的三件事？

3. 在不理想的事件中看到了我的哪些亮点？

4. 从不理想事件中我学习到了什么？

第十六章　转变：如何看待和应对转变

在职业环境中，我们总免不了遇见转变的情况，从大环境的视角看，行业的变革、企业的转型可能会让个人原有的工作模式发生变化；从个人的视角看，调岗、转行、失业等情况，也会产生许多新的适应问题。不少人在面对这类转变时，往往会缺乏心理准备，感觉到很突然、很无力，容易产生抑郁和焦虑情绪。

但实际上，无论是大环境的变革，还是个体的选择带来的转变，很少有转变是毫无预兆的，大部分时候都会有一些征兆。比如行业的变迁和转型，业内已经有一些信息在谈论，甚至一些行业的领先者已经先行进行了尝试；公司裁员前已经出现业务下滑、取消福利、工资发放推迟等情况。

但在生活中，经常会看到的情况是，有些人对身边发生的一切视而不见，甚至他们身边的同事都已经有所觉察和行动了，他们本人却像脑袋扎入沙地的鸵鸟一样，对一切视而不见。

如果他们能够主动看到变化、接受变化，甚至提前做一些准备，当变化来临的时候就不会困在原地，反而拥有了更多的可能性。

当然，不仅是个人，这样的情况在一些企业组织也会发生。

我在管理咨询的工作中，有几次接到的咨询需求是企业已经处在危机中，来寻求专家的帮助，而这个危机常常都是几年前就有预兆的。如果企业在危机发生的早期进行了准备和介入，所付出的成本和资源都要小很多，但企业却无力在内部推动转变，直到问题变成危机，不得不请第三方机构介入。

我也曾多次帮助一些企业在内部推动转型变革。在这类项目中，推动那些不愿意转变的成员，也是项目最挑战的工作之一，有时候企业甚至不得不替换某些管理者才能达成目标。

为了拒绝改变而丢掉职位，听起来似乎很不理智，但这种情况在现实中却并不罕见。为什么他们会付出如此大的代价去抗拒改变？这背后有着深层的心理原因。

那么，在职业环境中，有变化是正常且普遍的事情，为什么我们会有意或无意地拒绝转变呢？

一、为何我们会拒绝转变？

（一）恐惧不确定性

不论是企业变革，还是个人工作岗位或者状态的改变，都意味着原本熟悉的工作方式、商业运作模式会发生变化，衡量结果的标准会随着发生变化。

在原有的模式下，工作的结果、可以获得的利益，都是相对确定的，而变革或者调整后的结果并不确定。一定是对自己利益更大的结果吗？答案常常是不一定，或者看起来是对公司有利，但对自己是利益不明的情景。

突破现有的舒适区，牺牲一部分既得利益，去接受新的挑战，争取并不完全确定的未来，需要挑战的勇气和长远的眼光。

可能你也会问，有时候明明听到有些人在抱怨企业的僵化和死板，现在也已经不舒服了，为什么不主动寻求改变呢？

其实，我们可以从另一个角度看这个问题，僵化的制度带来了束缚感，但同时意味着确定感，这种确定感会带来心理上的安全感。虽然有些不舒服，但为了心理上的安全感，这种不舒服是可以接受的。如果在你拒绝改变的理由中，稳定和安全是其中的重要原因，你可以问问自己，这种稳定和安全可以持续多久？它会是永远确定的吗？

你会很容易发现，没有绝对的稳定和安全，即使在一个安稳的单位，也可能会遇到政策改变、机构精简，以及技术改革带来的变化等，这些行业的变迁每天都在发生，而身在行业中的个人，不可避免地都会受到影响。

如果因为惧怕不确定性，拒绝改变，最终的结果很有可能是随波逐流，被大势推着走，丧失了自己人生的选择权。而如果能够敞开怀拥抱改变，尽快适应变化，提升能力，反而是给自己更多的选择权，这也是更长远的确定感。

（二）回避无能的感受

转变意味着要和自己不熟悉的事或者人打交道。当我们已经成为一个职场老手时，对现有的工作游刃有余，可能已经很久没有去做完全陌生的工作了。

这种时候，改变也意味着你要重新经历笨手笨脚，摸着石头过河，前进两步退一步的情况。这个过程会重新勾起你多年未曾经历的挫败感，让你感到无力和无能，甚至开始怀疑自己，动摇你这么多年好不容易建立的自信心。

特别是周围的领导和同事似乎也已经习惯了你游刃有余的样子，你担心会不会打破自己在他们心目中的形象，你似乎也有点分不清到底是自己不能接受这种挫折，还是你身边的人不能接受。这种时候可以问问自己：

- 过往自己获得成功的原因是什么？
- 如果老板把新的挑战交给你，他是看到了你身上的哪些特质？
- 为什么会选择你而不是其他人？
- 改变后最坏的结果是什么？
- 最好的结果是什么？

● 最可能的结果是什么？

当你把这些问题都想清楚了，你会发现，即使是失败了，你原本的优势和能力也并不会消失。也许会损失一些时间和利益，但哪怕是不尽如人意的结果，也不一定是完全无法承受的结果。而你多多少少都会从中有所收获，甚至有可能获得较大的机会。

（三）对自己的照料

有的时候，面对行业的新趋势新变化，需要投入大量时间进行学习，如果日常工作已经很辛苦，这种新增的学习会占用自身的休息时间。在让自己休息一下和继续学习一会儿之间，我们很可能会倾向于选择休息，如果被迫不得不加班在变革转型学习上，还会产生抵触情绪。

不管是团队还是个人，遇到这种情况，都有两个方向可以改善。

第一个方向是要给目前的辛苦加一个时间期限。你可以设想一下，如此牺牲自我休息时间的情况会持续多久？是一年、半年还是几个月？如果加油冲刺努力做好，这个时间是不是还会缩短？如果能看到辛苦只是暂时的，而不是漫长无边的，而且自己的投入和努力还会缩短这个时间，就会产生部分接纳，降低抵触情绪。

第二个方向是要通过对未来利益点的描述来增加动机。不愿意付出休息时间做一些让自己改变的事情，说明内在对于改变的动机不足，利益点不足以打动自己。这个不足不一定是实质上的不足，而是潜意识相信程度的不足。

比如，虽然意识层面知道掌握了新的知识后会有更多的工作机会，也会有升职加薪的可能，但那毕竟太遥远了，而且还不是百分之百确定的。在潜意识的层面，对于未来利益的相信程度不高，表现出来就是动机不足。

因此，如果是在团队中，需要多描述改革后的未来对于每个个体的利益是什么，不要谈一些大道理，而是细致的、详细的，能够让成员在脑海中想象出画面的利益。对于个人来说，可以用心想一想，如果真的达成目标了，自己会有什么变化，会是一个什么样的形象。下次努力的时候，可以想象一下脑海中那个未来的自己的样子，好像那个优秀的自己就陪在自己身边一样。通过这样的方法，可以增强行动的动力。

（四）认为改变是对过去的否定

不管是个人，还是团队，能获得现在拥有的一切都是和自己曾经付出的努力相关的。这个时候，如果有外界或者高层领导的声音告诉他说，必须要转变了，他可能会有一系列疑问产生："是我做得还不够好，所以需要转型改变？""我过去付出的这一切，难道都没有价值吗？""我之前付出的这些辛苦，都要因为这些新的声音被埋没吗？"

如果你是一位正在推动团队内部转型的管理者，发现你的团队成员似乎对转型变革没有太大的兴趣。同时，他们会花很多时间向你描述他们在工作上的付出和努力，并且试图把回忆拉回曾经的成功经验。这时，你需要意识到，他们拒绝的也许不是转型和变革本身，而是担心自己过去的成果会被否定，担心在新的变革里，管理者是不是会忽略他或者说不再器重他？

你会发现，单单描述未来的利益并不能打消这类人的顾虑。这时，去肯定他们过去的成果，并表达重视是更重要的。

比如：反复告诉他们之所以能进行今天的变革，是因为前期成功经验的积累才让团队有机会追踪更高的目标；并且明确告知，希望他们发挥的作用，以及安排定期反馈汇报的时间。

越是明确具体的要求，越能让他们感觉到安心和重视，如果你出于对老同事的尊重，不让他们承担太多的责任，反而可能会让他们觉得自己被边缘化，会更加不安，无法去支持转型和改革。

如果是个人无法改变，可以问问自己，是否认为自己目前有些地方是不好的，是需要被抛弃的？当你认为自己或者过去的自己是不够“好”的，是需要被改变的、抛弃的，则你改变的速度会比较慢。

听到这儿，你可能会觉得很奇怪，为什么会这样呢？

当一个人去自我批评和否定的时候，他的关注点都在旧有的方式和模式上。这就像一个人走路的时候，只是低头看着自己的脚下和过去的路，而无法抬头往前看。这样一来，他自然也无法看到前方更顺畅的路的方向，只是困在当下和过去里，或者盲目地朝前走。

如果前路坦途还好，如果前路有障碍，那他就只会在一个个障碍里摔跟头，而不懂得选择避开或者跨过。

这种时候，可以帮助安抚过往，并且能够抬头看向未来的信念是：

- “我的每个特质都有有利的一面，也有不适应的一面，我需要根据情况使用它们。”
- “我并不需要抛弃过往的我，我只需要增加新的能力。”
- “过往的经历对未来的某个时刻都是有价值的。”
- “成长就是做自己没做过的事，只要有新的体验就是成长。”

你可以念念这些句子，体会一下内心感受，这些信念可以帮助你接纳自我，看向未来。

二、如何更好地应对变化

那如何更好地应对变化呢？分享三个方法。

（一）培养自己预测未来的能力

对一些人来说，他不是不想转变，而是看不到未来的变化和趋势，无法敏锐地捕捉到信息进行汇总，并确定自己改变的方向。

这和缺少相关的思考及训练有关。比如说，如果我问一些人你所在的行业未来三年可能会发生什么变化？他们会完全回答不上来，因为他们从来没有思考过这个问题。

那么，当行业的变迁来临时，这类人可能是随波逐流，被大潮推着走的人，更有可能会拒绝改变，因为对他来说全然没有心理准备和预期。但对于一个经常关注未来的人，当变化来临时，他至少已经做好了心理准备，提早学习准备，拥抱改变。

但预测未来的能力并不是什么神秘的能力，也不需要掌握天文地理奇门八字才能预测，大部分人都可以做得到。

如果我们站在2000年往后看，有很多事情是当时就可以预测的，即使我们预测不了房价的上涨，但类似通信技术和互联网技术的发展、人口的城镇化，这在当时的生活和新闻里其实都可以看出一些端倪。

我经常会在培训的现场让学员预测未来20年中国一定会发生的事情，大部分学员都能说出一两个趋势，比如人口的老龄化、绿色能源的发展、人工智能、高端制造的发展，这些也是只要我们每天上网浏览一些新闻，通过一些现有的信息就能推测出的变化。

因此，不要在心理上给自己打上没有长远眼光、没有策略思考的标签，这些能力都蕴藏在每个人的身体里，你需要做的只是调动和训练这项能力。

你可以经常思考一下："3年后我所在的行业会发生什么变化？我的公司和部门现在及过去有什么变化，这些变化在未来会如何发展？3年后，我在行业或者公司里可能会是什么样子的？"

当我们经常去思考这些问题时，会渐渐培养出看向未来的能力，也更知道在大趋势中，该提前准备一些什么。

（二）回顾过往，帮助你相信改变的意义

回顾过往指看到自己从过去到现在已经发生了很多的改变，看到自己的努力和成果，从而更加相信改变的意义。

比如你可以回忆一下，自己在过去的5年里，分别在心态上、知识上、能力上发生了哪些变化？这些变化带给你的好处是什么？

（三）确定改变的价值

我们也可以问问自己：未来需要我改变的方向在哪里？改变对于自己的价值和意义是什么？我将如何去行动？

当你能够从自我价值的层面看到改变的意义时，你主动改变的动力会更强。

本章练习

今天的练习是六项提问，这些提问涉及从过去到未来的转变、你内心的声音以及你的行动计划，可以帮助你有效梳理思绪。

第一项提问：在过去的5年里，我都发生了哪些转变？这些转变带来的好处是什么？比如：

心态上的变化：______________________________

带来的好处：______________________________

知识上的变化：______________________________

带来的好处：______________________________

能力上的变化：______________________________

带来的好处：______________________________

第二项提问：未来1年，我想转变的3个地方是：

1.______________________________

2.______________________________

3.____

第三项提问：如果我达成转变的目标，我会得到：

1.____

2.____

3.____

4.____

5.____

第四项提问：我内在的反对声音是（如果有就填写）：

1.____

2.____

3.____

第五项提问：对反对声音的全部或部分的反驳是：

1.____

2.____

3.____

第六项提问：综合考虑以上，我的行动计划是：

1.____

2.____

3.____

第十七章　展示：为什么埋头苦干的人总得不到晋升

不少人觉得，在职场中存在着这样一种“不公平”的现象：有些人真实水平也没多高，就是PPT做得好，会吹牛，会包装自己，结果被领导器重，被提拔加薪。反而那些勤勤恳恳、踏踏实实干活的人，得不到更好的机会。

实际上，每个职场人不得不去承认和面对的是，现在是一个强调自我展示的时代，那些能够表达自己，展示自己，让自己站在“聚光灯下”的职场人，会获得巨大的优势和机会。

一、为什么职场中自我展示这么重要？

（一）自我展示可以让你在众多人群中脱颖而出

特别对一些大型企业来说，同期进来几百甚至上千名新人，如何通过各种渠道，让领导看到你的闪光点，是非常重要的。

如果你能力很强，可以秒杀其他同期的人，那也许你不需特别展示，也会有人来挖掘你，看重你。但对大部分人来说，很可能大家看起来都差不多，这时，一些竞赛、发言展示的机会是要主动表现的，这可以让你在众多的人群中脱颖而出。

就我自己来说，我还记得多年前我跳槽去了一家新的公司，这家公司定期有全员会议，在这个会议上新员工都需要做自我介绍和发言。我很认真地准备了自我介绍和发言稿，当时也没有想太多，但公司的总裁就在那次晨会发言中记住了我，我给他留下的印象是台风很好，表达能力很强。后来有一些重要客户的项目，需要有人可以进行演讲展示时，他就想到了我，这成为我在这家公司发展的最初机会。

（二）自我展示可以让你更好地展示自己的工作成果

在职场工作中，很多时候呈现的结果就是一个简单的数字，但数字背后可能会有自己付出的努力、汗水、创意、巧思在里面。如果你没有一个展示表达的机会，可能最后所有人都不知道你曾经付出了很多，做了很多。

这时，可以充分地表达和展示自己的工作过程及成果，你可以把背后的成果做更合适、更精彩的呈现。有时，同样的成果，用不同的方式表达出来，听众的感受就会完全不一样。

比如，我曾经听过一个工作汇报，有一个业务主管汇报说，他所负责的区域今年竞争很激烈，涌入了很多新的竞争对手，但他和所有的竞争对手相比，仍然牢牢占据着市场份额的第一，整体的市场占比还略有提升。

听到这个汇报，你可能会觉得这位同事很优秀，但如果他没有这个展示讲述的机会，和其他区域的同事相比，他的业绩并不算突出，但经过他的讲解和展示，他的成绩就显得额外可贵了。

（三）自我展示可以争取更多的机会

在职场中，人们很容易被贴上某些标签，比如小王擅长做PPT，小李擅长画图，小张擅长运营工作。但你可能只是表现了你众多能力中的一部分，还有不少你能做的事情却没有机会展现。这时，你就需要找机会进行表现和展示。

比如，你可以在一些场合主动提起，也可以适当地做一些展示。那么当工作中出现类似的工作机会时，领导就会想起你，你也会获得更多的发展可能性。

在我的一次培训工作中，遇到了一个非常贴心用心的助教，原本她只需要做好教务辅助工作就好，但她不仅做了教务辅助，还全程整理了课程的重点内容，结束的时候还拿出了一个课程记录的视频。我对她印象深刻，相处得也很愉快。在项目结束的时候，她还主动和我提起说："赵老师，和您在一起很开心，我下次还希望能做您的助教，如果下次还有培训机会，您可以和我的主管提一下，还让我来做助教可以吗？"后来，我主动和她的主管反馈了她的工作成绩，也多次提出来请她支持我的工作，而她很快获得了晋升。

话说回来，自我展示这么重要，为什么很多人却不愿意自我展示呢？

二、为什么很多人不愿意展示自我？

从心理学上看，可能会有几种典型的认知。

（一）信奉"是金子总会发光的"，领导总会看到我

这种心态是不够成熟的，当我们是小孩时，父母会一直关注着你；在学校里，老师也会关注班级里的学生。但在职场上，领导并不会像父母、老师一样关注你，特别是如果公司规模比较大，人员众多，领导更难关注到每一个人。

另外，将自己职场发展晋升的决定权，完全的托付在领导的手上，指望领导主动看到你，也是对自己的不负责任。虽然也有善于识人、用人、提拔人的领导，但并不是每个人都能遇到这样的领导和管理者。哪怕遇到了，领导也不一定能完全看到你的亮点和潜能，毕竟，领导不可能比你自己更懂自己。

主动一点点，就是为自己在争取多一点点的可能性，你的机会就多了一点点。

（二）认为自己一定不行

当我鼓励一些同事去抓住展示机会的时候，经常有人会跟我说"我肯

定不行”“我一定做得不好”类似这样的话。这就是自己在心里已经打上了一个“我不会展示，不会说话”的标签。遇到机会的时候，还没有努力就放弃了。

这种想法里，没有给自己改变的机会，也没有看到准备的力量。即使你再不会说话，再不会表达，但如果提前写好需要讲话的稿子，百遍十遍的进行背诵，我相信，即使不一定会有极其惊人的表现，也很容易有一个完整的表现。我通常会给在关键的演讲、汇报或者述职发言的朋友们的一个建议，就是可以通过逐字稿的方式准备自己想要的内容，并提前进行排练准备。他们其中有很多人，从原来的不太会讲话，到上台的那一刻，有非常惊艳的表现。

认为自己一定不行的背后，还有一种含义是：“我没有资格进行展示和分享。”

对这样的人来说，好像一定要取得过巨大成功，才有资格向所有人进行分享和展示，这样的想法也是不太合理的。

我们换位思考一下，如果你是一个高层领导，如果公司在推行一个项目的时候，你是否会想要知道，基层的员工是如何看待这件事情的？他们内在的感受是如何的？他们是如何来理解这件事情的？他们是如何行动的？他们未来会如何去做？答案是，你一定想知道。所以，我们真实的表达和感受，对于管理者和其他人了解我们的状态非常有帮助。无论我们现在已经取得成功，还是正在进程中，还是一些失败的挫折，只要我们的表达是真诚和真实的，它就是有力量的。

（三）担心表现不佳会影响别人对自己的看法

有些人的担心是：“如果我在展示中表现不佳的话，会不会影响其他人对我的看法？”这种想法里面有一点决定论的意味——好像一次的展示或者一次性事件，就决定别人对你的看法以及你未来的职场发展。似乎因为这一次的展示失败，你过往的努力，过往所有积攒的好的形象，都会受到影响。

你可能已经感觉到了，这个想法也是非常不理智和不现实的。在职场中，大家是长期相处的，所以你这个人怎么样，你的能力怎么样，并不会因为一次的展示和发言有根本性的改变。即使你表达的不是那么好，你也至少通过展示自己，让别人更加了解你做了什么，让别人看到，原来你有他不了解的另一面，你付出的比他想象的更多。那么，别人对你新增的一个印象可能是："××有些不善言辞，但他真的做了很多。"而不是："××就是那个角落里一直不说话的人。"

三、如何在职场中更好地展示自己

（一）关注自己外在的职场形象，比如着装、办公环境、职场礼仪等

有许多人觉得自我展示就是演讲、汇报、比赛等需要说话表达的场景。

其实不止，我们日常呈现在职场中的外在形象，也是很重要的职场展示。比如你的职场服装和职场礼仪。

从职场形象来说，这个和你所处的行业有很大关系，如果你在金融、管理咨询这类行业，对于着装的要求可能会更高一些，不仅要穿商务套装，而且有着严格的着装标准，比如裙子一定要过膝，衬衫下摆最好放在裤子和裙子内侧，不能穿露出脚趾的鞋子，最好是标准的商务皮鞋，头发的颜色不能过于夸张，指甲要修剪到位，不能做夸张的美甲等。

如果你在IT行业，大家都是T恤牛仔裤运动鞋，但至少我们可以保持干净和整洁。

试想一下，两个技术水平、沟通能力完全一样的两个人，一个每天穿着非常整洁，办公桌也可以打理得很整齐，另一个每天蓬头垢面，衣服皱皱巴巴，办公桌乱七八糟。穿着整洁的人，会给人一种他能平衡好工作和

生活，游刃有余的感觉；而穿着和办公桌都乱七八糟的人，会给人一种他似乎无法照顾平衡好自己的感觉。而当两个人的工作表现都差不多的时候，谁会获得更多的机会呢？大家更愿意和谁多接触呢？其他条件一致的情况下，肯定是这个日常整洁干净的人会获得更多的青睐。

职场礼仪也是外在呈现中很重要的一环。

职场礼仪包含很多内容，比如一个人的站立坐行的姿态，以及最基本的握手、递名片、示意入座的礼仪。了解这些内容，可以让你在遇到领导、客户的时候，至少知道自己该怎么样行动，而不是茫然不知道该如何做。

比如在重要的场合，站立的时候背要挺直，女性注意腿要并拢，不要插兜、抖腿，女士手可以轻轻交叠放在小腹的位置，男士可以左手握拳，右手握住左手的腕部，也放于小腹前。坐的时候不要依靠在椅背上，大概坐在椅子的二分之一处就可以，背挺直，男士双腿可以平行分开，小腿与地面垂直；女士双腿并拢，轻轻侧向一侧，或者与地面垂直均可。双手可以交叠放在腿上，如果面前有桌子，也可以放在桌子上。握手的时候，长辈、领导、女性先伸手，这是因为我们需要把是否握手的选择权交给这些人。

递名片的时候将文字朝向对方，收到对方名片的时候，也要认真阅读后妥善收好。示意入座的时候，五指并拢指向椅子，说“请坐”。包括上电梯的时候，先进入拦好电梯门，示意长辈、领导进入；下电梯的时候，拦好电梯门，示意长辈、领导先下。坐车的时候，领导开车，副驾驶是主位。司机开车，司机对角的后排座位就变成了主位，副驾驶是助理的位子。

这些小细节，说起来很简单，但在日常的言行举止中却不是每个人都能做到的，了解一些商务礼仪的小知识，可以让你显得落落大方。这些知识在很多网络视频、书籍中都有谈到，完全可以自己学习。

（二）重视汇报发言，在汇报发言中更好地呈现自己的努力和成果

对不少人来说，汇报发言还是有一定难度的，通常是因为不知道如何

组织自己想要表达的素材，并把它精彩地呈现出来。其实汇报发言可以借用一些框架和技巧在里面。这里首先介绍一个汇报的STARF模型，STARF模型是一个用来汇报的逻辑顺序，可以把准备汇报的素材填充在这个框架中。

S——Situatio——背景。在汇报的一开始可以分享一下自己工作的背景，背景可能包含着这个阶段的工作对于公司发展或者某一个项目的意义，也就是表达所汇报工作的重要性。

甚至有些时候，这个背景还可以谈得更大一点，比如结合当前国家、行业的发展趋势谈谈；也可以谈得更具体一些，比如有些项目的发起可能基于公司某个事件的发生。总之，这个背景的阐述部分，可以帮助听众聚焦注意力，点明重要性，是一个开场点题。

T——Target——目标。谈完背景后，就可以谈一谈，所汇报的工作或者项目，最初想要达成的目标是什么。如果是个人季度或者年度的工作汇报，可以把公司给你设定的KPI目标，以及你个人对于自己的一些目标要求加入进去。

A——Action——行动。谈完目标，基于上面这些目标，你都做了些什么。在这个部分，你可以用一些数字进行分类展示。比如一个新媒体运营专员可以呈现为：一共写了多少字的口播素材，拍摄了多少时长的视频，上传视频多少个，直播多少场，出差过多少城市，对接多少供应商，覆盖多少商品品类等。总之在这个部分，要尽可能地去呈现自己付出的努力，也可以补充一两个过程中的小案例增加可听性，同时要注意这部分行动的呈现应该与之前的目标是对应的，不要出现行动与前面谈到的目标没有关联性的情况。

R——Result——结果。基于前面的目标和行动，你获得了什么结果呢？是达成目标了还是没有达成呢？在结果的部分，首先可以做的是结果达成的数字展示，除实际的数字展示，你还可以做一些比较展示，比如：和设定目标比——完成率150%，和过去比——与去年同期相比增长30%，和同行比——同期市场占有率排名第一。除业绩数字外，这部分也要注意有一些定性的结果，比如个人能力的提升、公司知名度的提升、客户口碑等，这些指标有时可以用一些数据侧面展示，如缺少数据支持，则可以找一些案例分享展示，这些案例故事很可能会成为你的汇报中打动人心的模块。

F——Feeling——经验体会。最后的模块可以谈谈感性的部分，自己个人的收获和体会，也可以谈谈自己对未来的期待，下一阶段的工作计划等。

这样五个模块就是一个非常完整的工作汇报结构了。

如果你不擅长汇报展示，可以多去使用STARF框架，基于这个框架收集素材并进行展示，大概率你会比之前完成得更好。

（三）抓住临时性发言的机会，至少让别人觉得你是有逻辑有思考的人

有时候可能你会突然被领导叫到，需要临时性的发言，这种时候往往你是缺乏时间去准备的，可能会感觉到很慌张，这里也教你一个小技巧，可以去应对这类的情况。

首先，在你没有想好的时候，可以先表达感谢或者正向积极的看法，以争取思考的时间。比如领导可能突然叫你谈谈对某个工作的看法，你还没有想好要说什么，你就可以先说，感谢领导给我这个发言的机会，同时我觉得这个项目是很有意义的，我也学习到很多。

其次，虽然你并没有组织好语言，但你可以用第一点、第二点这样的句子开始你的表达，这样会让听的人觉得你很有逻辑。

你可以回忆一下，有些管理者即兴发言的时候，也许会一开始就说：“我要谈三点内容。”如果你仔细去听，有的时候，他们会不止谈三点，可能还会有第四点、第五点，或者有时候你也听得有点模糊，不知道他的三

点分别具体是什么。

告诉你个秘密，当他在说要谈三点的时候，他其实还不知道自己后面要谈什么，他在边说边组织后面的语言。

但当你表达出“第一、第二”的时候，已经给了听众你很有逻辑思考的感觉，但实际在听的时候，大部分人并不会特别挑剔其中的细节。你也可以学习这种边说边组织的技巧，用“第一、第二”的表达串起自己的发言。

最后，你可以从自己的感受谈起。这个通常是最容易想到的，然后由小及大，再去谈整个项目、部门和公司。或者从正反两面谈，谈谈收获、再谈谈困难也是可以的。总之，当发言开始的时候，你可以参考一定的逻辑顺序去想想后面的发言，从部分到整体、从个人到团队，正反对比，时间顺序等都可以。不用担心自己谈得很散，缺乏重点，你只要记得最后加一句总结来聚焦就可以了。

本章练习

做一次即兴发言的练习，你可以自己设想任意一个工作发言的题目，然后给自己 1 分钟时间准备，然后尝试用下面的句子串起来自己的发言，看看自己是不是能说满 3 分钟。

首先感谢________

对于这个工作，我要谈以下三点：

第一点是：________________________________

第二点是：________________________________

第三点是：________________________________

模 块 五

沟通是解决问题的核心力

第十八章　沟通：善用 6 项原则，解决你 90% 的问题

沟通涉及职场生活的方方面面，算是职场中最重要的技能之一了。但人们在从小到大的成长历程中，很少被认真地教导如何与人沟通，大多是通过父母、朋友、社交媒体以及个人经验学习沟通技巧的。这样的学习，也很难让一个人的沟通技能有大幅改变，因为也许我们可以很容易听到身边擅长沟通的人某句话是如何说的，但如果没有学到背后的原则或规律，当场景不同时，我们很难随机应变。

比如，有一些对沟通要求比较高的岗位，像销售、客服等，通常都会配有标准的入职话术手册，这些话术手册通常是经过许多人验证实践，提炼出来最有效的精华。但在实际应用中，两个不同的人经历了同样的培训，在面对相同情景时，可能会因为心态、理解的不同，会使用完全不同的应对方式，甚至哪怕是两个人说着一模一样的话，但因为心理状态的不同，带给其他人的感受也完全不一样。因此，解决沟通问题，不仅仅是说话文字的改变，更重要的也是心理认知和状态的改变。

回想十几年前，当时的我对自己的认知是不会察言观色，性格很直，说话缺乏技巧。但后来在职场中，大多数我获得的评价是亲和力很好，沟通能力很强。而我沟通能力的提升，并不是一个很漫长的过程，而是通过心理学的学习在短期内快速地从“缺乏技巧”提升到了“沟通能力不错”。

在这里，我选择了自己认为最有用的 6 项原则来分享。

一、沟通的前提条件是和谐的氛围

当人们心情放松、愉悦的时候，往往拥有更开放的心态，防备心不会那么强，也会有更加优秀的表现。

如果你有一个重要的沟通，那么在一开始需要做的事，不是急着切入主题，而是通过轻松的话题让大家都放松下来。有很多重要的商务谈判在开始之前，销售人员会安排和客户一起参与吃饭放松活动也是这个道理。

在职场中，沟通可能随时随地发生，很多时候你可能并没有时间做完放松活动再沟通。这时，你首先可以从放松自己开始，让你的态度松弛，表情柔和，语气轻松，沟通的另一方也会放松很多。

但如果你的态度很严肃，表情紧绷，语气也很沉重，对方可能会不自觉地有点紧张。当两个人都在紧张的状态下沟通时，就会趋向于保守、抗拒和封闭，难以取得良好的效果。

可能你会说：“放松太难了，我总是忍不住很紧张，怎么办呢？”我在前面的章节提到过，心态会影响行为，但行为反过来也可以影响心情。当你无法放松的时候，可以把注意力集中在让自己外在表现看起来轻松上，比如把背挺直一点，可以看起来更自信，让自己的音调高一点、欢快一些。

同时，你也可以设计一些非正式的提问，避免过早切入话题，比如说类似“想要咖啡或者茶吗”“最近你们部门工作忙吗”这样的话，刻意让自己表现得轻松一点，也会帮助对方放松。当对方放松的时候，你也会不自觉地放松下来，这时候沟通的效果就会更好一些。

二、没有完全一样的两个人

每个人的成长环境、生活经验都是不同的，因此没有两个人会拥有完全一样的价值观、信念、态度、规则、标准等。这个原则告诉我们，在沟通中，不要拿自己的价值观去衡量其他人的价值观。在职场中发生的很多不快和争执，都与用自己的价值观、标准去衡量别人有关。

举个例子：现在有一个新上市的产品，李总认为现阶段抢占市场最重要，所以最重要的是速度，尽快拿出一个产品来，先抢占了市场再调整；而王总认为，产品的品质是最重要的，如果产品品质不好，上市了反馈不好对公司口碑会有影响。

李总和王总的观点背后是两种完全不同的价值观和逻辑，我们很难评判谁对谁错。但如果李总和王总两个人，都希望对方能够按照自己的想法来，谁也不能让步，都试图说服对方，大概率两个人的对话是不会太愉快的，甚至陷入僵局。

又或者，一个把工作放在第一重要位置的管理者，他可能认为年轻人在工作中就是要努力拼搏，任何时候都要积极响应工作需求，个人私事可以放在第二位。

如果他有一位“00”后，强调个人生活与工作平衡的下属，则可能会在周末迟迟不回管理者消息，在晚上 10 点，他对临时的工作布置表现不是很积极，甚至发生抱怨。

如果这位管理者不能理解下属关于自由和平衡的价值，他可能会抱怨这个下属不努力、躺平，下属也有可能会觉得领导不尊重私人时间，剥削下属。

由于双方价值观的排斥，这位管理者和下属，可能大部分沟通都不会太顺畅。

在上面的两个例子中，只要有一方能够看到背后两个人不同的价值观，并且能做到不指责批判对方的价值观，而是中立的看待，对话就有可能向讨论协调，寻找两个人可以去协调平衡的地方发展，沟通的效果也会好很多。

这个原则告诉我们，不要拿自己所想套在别人身上，你以为的并不一定是对方以为的，当你不确定时，最好问问对方的想法。

前不久，一位保险经纪人向我请教，他为客户精心挑选了一个整体收益更高的产品，但客户却反问他为什么拿个小公司的产品给他，怀疑他是不是拿了更高的提成。这位保险经纪人觉得很委屈，但实际上，他在选择产品的时候，只是单纯地从自己的角度出发，认为客户需要的应该是一个收益更好的产品，因为有许多客户只在意收益，但实际上，这位客户是很谨慎的人，他选择产品更多地考虑的是品牌的影响力、可靠性，这会让他感觉到更放心。这就是拿自己的想法套在了客户的身上，反而起到了反效果。

三、每个行为背后都有正向的一面

在沟通中，如果对方的规则和要求让你无法接受，又或者对方的行为和语言让你觉得无法理解，甚至让你感到被冒犯、不可理喻时，你可能很难静下心来心平气和地沟通。但有的时候，你可能不得不忍着怒气继续沟通，因为这个沟通对象可能是你的客户、领导、关键部门的同事等。

如果你遇到这种情况，可以思考一下这个原则：每个行为背后都有正向的一面。每个人做一个行为的背后，都有对他积极有利的一面。

比如一个总是咄咄逼人的人，破坏身边人际关系对他的好处就是，如果不和其他人靠得太近，就没有被抛弃被伤害的风险。一个总是去讨好其他人的人，获得的好处就是，通过这种方式和其他人靠近了一些，也展示了无害形象，避免被攻击。

拿前面职场中的例子来说，不管是李总希望快速抢占市场的角度，还是王总希望提高品质的角度，本质上都是希望这个产品能够获得成功，两个人都是为了公司好，如果他们都能看到这一点，就可以对对方的观点有更多的包容心。

一个反复更改、挑剔的客户，这个沟通过程他自己也未必是轻松的，他这么做一定是有一些正向意义在。也许他是通过这种方式缓解自己的焦虑；也有可能他身边有很多的意见，他不知道该如何去协调，于是通过反复提要求的方式来呈现。当你能够静下心去判断对方行为背后的正向意义是什么的时候，你就不会激发强烈的情绪，而可以更心平气和，更冷静地去寻找沟通的角度。

四、有效果比有道理更重要

在沟通中，许多时候，人们忘记了自己最初开启沟通的目的，陷入谁对谁错的竞争，从而把沟通变成了一场辩论。然而，即使赢得这场辩论，也未必达到沟通者最初想要达成的目的和效果。

曾经有一位管理者和他的下属发生了争执，原因是他认为下属应该多去推动一下自己的客户成单，以提升部门的业绩。而下属认为，客户关系还没有建立好，客户需求也没有把握清楚，贸然推个产品过去，反而会伤害了和客户的关系，自己更愿意慢慢推进客户关系。每次两个人都因为这个话题不欢而散，管理者觉得下属固执，下属觉得上级急功近利，过于逼迫自己。

我问这位管理者："你期望她最终达成的目标是什么？"这位管理者告诉我，这位下属手上拥有非常好的客户资源，他认为她现在的产出与所拥有的资源是不匹配的，期望她能够去达成更好的业绩。如果是基于这个目的，达成的路径有很多种，比如让目前成交的客户成交更多的金额，想办法让单子做大；或者细化工作流程，让提交方案的客户有更高成交的概率；或者提升客户的沟通频率和需求挖掘的技巧，以获得更多的意向客户；等等。更强势地向客户推荐产品只是其中的一个方法，下属如果不认同，他不必把时间花在和下属争论对错上，不如找个下属能接受的路径去讨论，只要能推动她去完成更多的业绩，谁更有道理就不重要了。

因此，你在职场沟通中陷入对错之争的时候，可以问问自己，希望达成什么效果，让对方感觉自己是对的，也并不影响你达成自己期待的效果，只要最后能推动对方行动就好。

五、沟通是多管齐下的

心理学上有一个效应是“部分强化效应”，就是说，某种行为可能会产生后果，也可能不会，但一个行为产生部分强化效应后，即使收效微乎其微，你仍然会对这种行为着了迷似的重复，即使这种行为可能对你的生活产生了恶劣影响，但部分有效的幻觉还是会驱使你继续下去。

而且一旦行为没有达到预期的结果，你就会变本加厉。“没有什么不开心，是一顿烧烤解决不了的。如果有，那就吃两顿。”如果对孩子、伴侣的唠叨没有奏效，那你可能会更经常更大声的唠叨。如果用一种模式和同事沟通没有效果，那就用同一种方式反复沟通。

但现实是，往往你用同样的沟通方式只会得到同样的结果，或者哪怕有效果，这个效果也和你所期待的相去甚远。你要有意识地跳出“部分强化效应”的怪圈，当沟通无效的时候，多去想想如何换个沟通方式。

而且很多人认为只有语言是沟通，其实沟通包含很多种方式。

从渠道上说，有面对面的言语沟通、邮件沟通、电话沟通、微信沟通等；从环境上说，有办公室的沟通、会议上的沟通、下午茶时的沟通、晚宴上的沟通等。

甚至就面对面沟通来说，也包含很多内容，美国传播学家艾伯特·梅拉比曾给出一个公式：信息的全部表达 =7% 文字 +38% 声音 +55% 肢体语言。你看，即使是面对面沟通，声音语调不同，肢体语言不同，也会产生完全不同的沟通效果。

因此，当你的沟通无效时，可以多换几种沟通渠道和方式试试，而不是用一种方式应对所有的人。

六、灵活就是影响力

在一个团队中，最能影响团队成果、最具影响力的人，往往是那个最灵活的人。

因为灵活的人，意味着他不会用僵化的价值观、框架、信念去限制自己和其他人，从而能够根据环境做出最有利的选择；一个灵活的人，也拥有了更多选择，也是更有能力的人；灵活也意味着，你会更包容，能容许更多的意见和可能性；灵活的人，会让团队感觉到放松；灵活并不意味着放弃原则，毫无底线，而是能够找到多赢的角度；因为这样，灵活的人总是主动选择改变，而僵化的人被迫改变。

比如，曾经有卖坚果的商户最后根据客户的反馈改卖坚果开口器而成为爆款；也有管理者，接受“90”后、“00”后员工的新创意，让他们用二次元的表达和语言在互联网平台上形成口碑传播……这都是跳出自己原本的框架限制，给予身边的人，也给予自己更多机会更灵活的表现。

总之，灵活的人在沟通中会更自信，也可以影响到更广的范围。

本章练习

谈谈自己对以上原则的感受：

找到一个过去沟通不畅的场景，想想看自己违背了上面哪些原则：

____

____

在上面这个场景中，你可以如何调整？

____

____

第十九章　瞬间亲和力：如何轻松成为更受欢迎的人

很多人在接触他人的时候没有话题，不知道聊什么。聊来聊去感觉总是怪怪的，有一种尴尬的气氛在弥漫，自己和对方都不太自在。而有些人好像天生自来熟，很容易和其他人打成一片，可以快速和别人拉近关系。

很多人觉得这是天分，自己无论如何也做不到。其实，在心理学领域，专家们已经总结出了和他人建立关系的方法，一些简单技巧就可以让你变得很有亲和力，很快让他人信任你。

那建立起亲和力到底有什么用呢？

一、亲和力有什么作用？

如果能建立起亲和力，对我们有三个非常明显的好处：

第一个好处是，可以帮助你在职场中快速融入团队；

第二个好处是，可以让你身边的同事更愿意与你合作；

第三个好处是，可以更迅速、有效地与合作方建立起信任感，让你的客户更愿意和你合作。

如果你怀疑这一点，请你回想一下你曾和其他人和谐相处的场景。可能是和同事配合顺利地完成一项工作，或者是和朋友一起享受美好的下午茶，甚至可能是在网络上和一位网友讨论你们共同喜欢的影视剧。当你回想起这些场景的时候，你就会知道，当时发生在你们之间的感觉，是一种你们互相了解彼此内在世界的感受，你们两个对某些事、某些人有着相同的感受，或者说因为你们在很多方面是很像的。有些时候，当你和亲近喜欢的人在一起的时候，你会觉察到你们说话的语气、方式、走步的步伐都会有些相似。

这就是“亲和力”背后的秘密，人们会喜欢那些像自己的人。

你也许会问，大家不是都说“异性相吸”吗？也许你会短暂地被某个人身上和你不同的、特别闪亮的特质吸引。但如果当你们开始近一步接触的时候，你发现这个人的价值观、思考方式、行为举止和你完全不同，你还可以和他进一步走近吗？

你会发现，你们之间的亲和感将不会继续存在，你们之间的关系也会走向冷淡。如果两个人之间没有亲和感，再长时间的交往也不会带来持续的深刻的人际关系；而两个人之间能找到亲和感，一见如故也是很有可能发生的。

如果你曾在工作中处处受阻，同老板、同事沟通困难，下属不知道你在说什么，也无法应付你的客户，每天都为了各种琐事产生各种误解，没有办法顺畅地相处，更谈不上深入地交流沟通了。这些问题都和没有亲和力相关。没有亲和力，就像被困在布满荆棘的山路上，寸步难行。

二、如何快速建立亲和力

建立亲和力，就是有能力进入对方的模式，让对方感觉到，我们真的了解他们。而且，也让对方进入我们的世界，体验真实的我们。

在沟通中，取得他人的认同、创造亲和力，关键点在于能否与对方同步。

所谓的同步，指尽可能地配合对方各种不同的步调、观念、行为以及处理信息的模式和方法。像他的镜子一样，用他的方式说话，用他的方式坐或站，用他的方式行动，用他的节奏呼吸，表现出和他相同的价值观、情绪，你就与他同步了，建立了认同的基础，也就有了亲和力。

那如何快速建立亲和力呢？有没有一些简单好用的方法呢？建立亲和力的方法，用一个词概括是“同步”。下面来谈谈如何具体操作。

（一）语调和语速的同步

语调和语速与你说话的内容无关，它指的是你说话的速度、音量，以及说话的节奏。无论你说的内容是什么，语调和语速都在清晰地让人知道你是谁，你是如何表达自己的。

人们大多都以自己喜欢的方式说话。如果你是一个讲话语速很快、雷厉风行的人，当你听到一些人非常缓慢地表达的时候，你可能会无意中替他们接话，希望他们说得快一点；如果你是一个安静斯文，讲话也有自己节奏的人，当你遇到一个说话像机关枪一样，爆炸输出的对象时，也会感觉到不舒服。

比如说，当全场每个人都在窃窃私语、小声说话的时候，有一个人的声音却盖过其他所有的人，特别大声的议论，那会让他显得非常的突兀和不合群。但如果当所有人都在非常积极愉悦、高谈阔论的时候，每个人都很兴奋、口沫横飞，但有一个人却开始以非常缓慢的、沉重的声音去发言时，就破坏了当时的节奏和气氛。

因此，在沟通中，你需要关注对方说话的语调和语速，试着用和对方一样的语调及语速表达。和对方一样语调与语速，与场景中大多数人一致的语调和语速，此时就是最适合的语调和语速。

（二）语言的同步

每个人、每家公司都有自己语言的表达系统。比如在外企职场中，人们习惯的表达方式是中英文交杂的；在国企职场中，人们的表达方式会更加的严谨和正式。当行业内部在交流沟通时，人们会使用很多的缩略词和专业用语；但对于不是这个行业的人来说，或者对于普通的客户来说，他们可能理解的词汇就不一样。

记得当我初次跨入职场的时候，第一次开会的时候我茫然无措，因为整个会议中充斥着我听不懂的缩略词，类似 R&D（研发）、QC（质量）、DDL（期限），虽然这些词现在看起来非常简单，但对当时的我来说，还是非常困扰的。而且这种情况不止发生在职场新人身上，有不少资深人士跳槽后，到新的公司也会发现自己听不懂新公司的会议而感到很紧张，这其中很多时候和个人能力无关，而只是还没有融入新环境的语言系统。这时，我建议他们把自己听不懂的词汇记录下来，找个和善的同事去询问确定，然后学着用这样的词汇表达，可以帮助他更快地融入新公司。

当你和客户沟通时，要额外注意这一点，要用客户听得懂的语言沟通。很多时候，人们在一个环境待久了，会想当然地认为所有人都应该会懂这个词，了解这件事，其实并不是这样。比如，在心理咨询中，当我说起“PTSD”这个词，可能并不是所有人都知道这是“创伤应激障碍”的缩写，即使他知道，他也不一定确切地知道这个词代表着什么，更好的方式是，询问一下来访者是否听过这个词，他是如何理解的。

另外，语言的同步还意味着，你需要留意客户语言中的表达习惯，如果对方说“着急”你就不要用“焦虑”，而是也说“着急”；对方说“蓝绿色”，你就不要说“蓝青色”，而是也说“蓝绿色”。

只要你能确定对方和你说的是同一件事儿，那你就尽量用对方的用词表达，会更容易获得对方的认同。

（三）感官的同步

每个人了解世界的方式都是通过感觉器官去收集信息的，比如视觉、听觉、触觉、嗅觉、味觉等。每个人都有自己擅长的感官，人们在思考和说话时，会调动自己的感官，这时候你可以观察到对方的模式，和他擅长使用的感官。用他擅长的感官语言和他沟通，会让他觉得更亲近。

生活中最常见的三类人群分别是擅长视觉、听觉和感觉的。

擅长视觉的人，在他的语言表达中会更多地用到与画面、色彩相关的用词，比如说“看到前途一片光明”“生活是五彩缤纷”，和擅长视觉的人沟通，需要你也使用更有画面和色彩的语言表达，同时可以借助一些图片辅助自己，比起语言视觉型的人会更倾向于看图片。视觉型的人不喜欢冗长、啰唆的内容，他们能“看”得更远，因此和他们沟通时，要多强调目标和未来。

擅长听觉的人，他们的语言表达中更常出现“听听看”“听起来有点道理”这类的表达，他们的语言描述常常充满了细节，很强调逻辑和次序。这类人的耳朵十分灵敏，你说的话要像铃铛一样，音调合适并且清晰。并且要关注逻辑和细节，最好梳理好一、二、三、四后再去和他沟通，提前准备好足够的细节资料，在每一个环节及时和他沟通，这样会让对方感觉更安心更舒服。

擅长感觉的人，他们情感丰富，更在意沟通中的感觉。这类人说话通常声音低沉，语速偏缓，经常会表达“我感到”“我觉得”“掌握”“体验”这类表达体验以及和触觉相关的词。

感觉型的人比其他类型更慢热，和他们沟通的时候，注意要留出时间让对方慢慢进入状态，也多和对方聊聊感受的话题，当他对你感觉良好的时候，沟通会变得很容易。

在生活中，视觉型的人占比最高。但很有意思的是，在我举办的“瞬间亲和力”的工作坊，学员中80%是感觉型的。我想也许这和“亲和力”这三个字有关，这三个字更多地在描述感觉，感觉型的人会更容易被吸引到。

如果当你不能确定对方到底是什么类型时，你可以在表达中去依次使用视觉、听觉和感觉的表达，这是因为视觉型的人需要快速抓住他们的注意力，听觉型的人次之，而感觉型的人最慢热。

比如，你可以先拿出一个彩色精美的图片吸引客户注意力，仔细地描述背后的逻辑和细节，然后谈谈自己的感受也问问对方的感受，这种方法可以确保抓取到每个人的注意力。

（四）姿势的同步

姿势的同步，也就是肢体语言的同步。仔细观察，在职场中，人们会不自觉地有各种程度的姿势同步。

比如，在会议室中，有些人会有意或无意地模仿主管的动作，比如同样严肃的表情、挺直的背部、手摆放的位置、脚交叉的姿势。在会议室中，你可以通过人们的姿势判断他们是否彼此相互认同，比如有些人在发言时，其他人会不会同时全神贯注，会不会一起点头或者不点头，姿势同步性更高的人更有可能是同一阵营的。

在沟通中，你也可以通过模仿对方的姿势达到一种无意识的认同。但这种模仿并不是刻意的、一模一样的模仿，不是说对方挖耳朵你也要跟着挖耳朵，对方抖腿你要跟着抖腿。

在面部表情上，你可以跟随对方，当对方皱着眉头的时候，你也可以和他一样皱着眉头；当对方哈哈大笑的时候，你也可以一样哈哈大笑。

在肢体的姿势上，你可以使用相同姿势的同步，也可以使用交叉同步的方式。比如，对方在讲话的时候，他的身体向后靠在了椅背上，你也可以做一个向后靠的动作做呼应；又或者他身体前倾，那你也可以轻轻地前倾做呼应。

比如，当对方讲话时，把双手交叠在一起。那你也许不必去马上交叠你的双手，但你可以交叠你的双脚做一个交叉的同步。又比如，对方可能在思考的过程中，抓了抓他的头皮，也许你不方便去抓你的头皮，但你可以用你的手指轻轻地抓一下胳膊做出交叉的同步。

因此，当你的客户，在坐着沟通时，双手抱胸，双腿交叠，表达出一些拒绝信号，这个时候如果你非常的前倾、热烈的、积极的企图去发挥你的魅力，打破僵局，那他可能会更加的抗拒。

但如果你去采取和他类似的坐姿，后退一点，他可能会在无意识中略微的放松。因为这种肢体的表达没有攻击性，也没有批判性，而是认同的、相同的。当对方开始放松认同后，你再去慢慢靠近，效果可能会更好。

（五）价值和信念的同步

价值和信念的同步，注意不要否定别人的价值和信念。比如说，当你上交了一份精心制作的计划书，你的领导反馈说，你的这份计划里，完全都没有考虑成本的问题。这意味着你并不符合他的期望，你们在意的价值是不同的。你会感觉如何？我想一定感觉不太好。但如果他说："我非常喜欢你计划书里的创造力，如果能考虑成本问题，就会更好了。"这种表达你感觉是不是会好一些？这个表达里面，虽然对领导来说，他更看重的价值是成本考虑，但他没有否定你的价值，沟通就可以继续。

有些人遇到价值和信念与自己截然不同的人，彼此格格不入的时候，他可能会拒绝与这个人做生意，或者拒绝与这个人沟通，其实这是很不提倡的做法。即使信念和价值观和我们截然不同的人，也是有可能相谈甚欢，做成生意、建立良好人际关系的。中国人都知道"求同存异"这个词，当你遇到价值观和信念相去甚远的人，也可以找到共识的部分，强调共同的观点，略过异议的部分。

这种一致性该如何寻找呢？我们可以同意某人的看法，但不认同他的做法。认同的程度可以分为"我承认、我理解、我接受、我尊重、我喜欢"。如果对方生气了，你可以发自真心地说："我尊重你对这件事的感受。""我理解你为什么会这样考虑。"当有了这个认同前提，后续的沟通就会顺利很多。

如果你并没有和对方发生价值和信念的冲突，那需要关注的是，对方在意的价值和信念是什么，注意去强化这种价值。比如，你自己可能觉得某个产品太过昂贵不划算，很难推荐给客户。但如果你能换位思考，去想象一个有钱懂得享受生活的人，会如何使用这个产品，你就会找到能去打动对方的价值。又如，你觉得某个方案成本太高了可能无法通过领导的审批，但如果公司正需要一个标杆案例作为创新的代表，也许成本就不会是领导在意的价值，创新才是。

总之，当我们能够找到信念和价值中的共同点，对方认同你的可能性就会大大提高。

本章练习

今天的课后练习是，寻找三位对象进行一对一沟通，观察一下他们更擅长使用哪种感官，注意去同步他们的语音语调、语言和姿势，然后体会一下这次沟通和以往有何不同，你看到了他们身上哪些不同的地方。

第二十章　抗拒和拒绝：如何化被动为主动，掌握主导权

在前面的分享中，我们有提到过，和谐的氛围是沟通的前提条件。但有时我们也会遇到，很难营造和谐氛围的情况。特别是当对方呈现出抗拒和拒绝的状态时，你会感受到无论自己如何去努力，好像都没有办法达到好的沟通效果；甚至很多时候，你会感觉到，对方根本没有给你沟通的机会。在这样的场景中，你会感觉到挫败、无力，还会影响自身的情绪。

一、如何面对对方的拒绝和抗拒

（一）保持一个稳定和淡定的心态

我们要知道，任何人都有权利去选择他要不要与谁沟通，你一定希望自己有这样的权力，所以你也需要允许对方有拒绝沟通的权力。

如果你自身讨厌或者害怕抗拒的出现，意味着在那个当下你也呈现出拒绝的状态，那么在你的身体姿势、表情神态、语音语调中都会呈现，对方也会捕捉到这个信号，从而使得沟通更难继续。而如果你内在能够尊重、接受对方的拒绝，你整个人的状态也会比较稳定和松弛，才会使得沟通有产生转机的基础。

（二）关注对方在沟通中的非语言信号

很多时候，拒绝不是突然发生的，也不是当对方最后说出来的时候才发生的。拒绝可能在前期沟通的过程中已经产生了，但如果你没有关注到那些非语言的信号，而更多关注自己的表达，就会显得有些自说自话，而

此时如果你所说的和对方期待的相去甚远，则你说得越多，反而越会加深对方的抗拒。

而如果你在一开始就能捕捉到对方抗拒的信号，应该在抗拒还没有那么强烈的时候马上做调整和沟通，此时也更容易一些。这些非语言的信号包括但并不仅限于以下这些：

- 没有足够的眼神接触；
- 眼神接触时会回避；
- 无理由并突然地改变身体的姿势；
- 眉头紧锁，表情严肃；
- 呼吸急促或者叹气；
- 多次岔开话题；
- 频频看表、手机或做其他无关的事情；
- 嘴上说是但身体却表达拒绝（摇头，摆手）；
- 当你身体前倾时，对方主动身体靠后保持距离；
- 欲言又止。

当你关注到这样一些信号发生的时候，就需要提醒自己，不要急着推进，要停下来，关注一下对方的感受再决定如何继续。你可以只是停下来看着对方的眼睛，不需要说什么，只是等待，看看对方会回应和表达些什么。

当然，你也可以把自己观察到的直接反馈给对方，并加上询问，比如："你看起来好像有点担忧，可以说说你的顾虑吗？""你好像想要说什么？""如果有什么想法或者建议，你都可以直接和我说。"

二、对方明确表达了拒绝，该怎么办？

如果对方已经明确地表达出抗拒和拒绝，也不代表事情没有转机了，用如下四个步骤，帮你争取。

（一）说出对方的抗拒

你可以简单地复述对方的拒绝，也可以结合自己的猜测，进一步描述对方拒绝背后的理由。因为有时候，对方在拒绝的时候并不会表达得很完整。表面拒绝的理由也未必是真实的理由，当你去复述，或者是表达你对这个拒绝的理解时，无论你理解的是否正确，都给了对方可以继续表达的信号。

比如，临下班前忽然有个突发性的工作需要同事晚上加班配合你完成，但对方回应你说："我晚上有事情，没办法帮你。"你可以回应："你晚上有重要的事情，所以没办法留下来加班？"也可以进一步说出自己的理解："确实，这种临时性的通知，会让你很难安排时间，也会占用你私人的时间。"

说完之后稍微停顿一下，等待对方的回复。对方可能简单地回复"是的"，也有可能会补充一些信息，类似"是的，我已经连续加班好几天了，今天晚上真的有很重要的事"。

（二）对他的感受表达理解

在找到关键的拒绝原因并加以处理之前，你必须表达对于对方情绪和感受的接纳。如果我们不对这个部分加以处理，双方沟通的基础仍然是对立的角度，再完美的方案，对方也不会有兴趣听。但当你对对方的感受表达理解时，就让你站在了对方的同一边，后续才有找到共识的可能性。

需要注意的是，在表达理解的时候，不能只是简单点个头，然后马上急着说出自己的理由，类似："是的，我理解你的感受。但这个任务真的很重要。"这样的表达只会让对方觉得你毫无诚意，只是想强迫他按照你的想法行动。你需要表达更多的细节，以说明为什么你会理解他的感受，可以是你看到或者听到了什么，也可以是你曾经感同身受。

比如："是的，我能理解你的感受。我最近下班时，都看到你仍然在加班。我听小王说，你们部门最近都在处理 ×× 项目的事情，大家都很辛苦。每年这个时候，大家都是忙得昏天黑地的。"

（三）探寻真正的理由或者需要

如果是关系正常的同事或者客户一直在表达拒绝，通常都和对方的需要没有被照顾到有关。但如果是陌生的客户表达拒绝，还有很重要的一部分原因是对方对你的信任度不够，怀疑你所说的内容。无论哪一种，都需要你找到对方拒绝背后真正的理由或者需要。若前面你已经表达过理解，这里就可以直接进行提问："看起来今晚真的有很重要的事啊，方便告诉我是什么事吗？"对方可能回复你说："今天我多年未见的老师来出差，只有今晚可以和他见面吃个饭，这个对我很重要，所以不能加班。"

需要注意的是，当对方对你的信任度不够高时，也有可能会出现对方含糊其词或者明确表示不愿意说的情况，类似："不好意思，这个不方便讲。"当这种状况出现的时候，你不需要去继续追问理由，而是需要表达自己的善意，不给对方太大的压力，让对方感受到沟通的空间。

比如，你可以回复说："嗯嗯，没关系。我不是想要打探隐私或者逼你一定要加班，我只是想看看怎样才能照顾到你的时间。"

（四）找到共同的解决方法

当人们在拒绝的时候，往往都认为事情的选择是非 A 即 B 的，不是完全同意就是完全拒绝。但实际上，解决方案可能是双方各让一步，折中后的选择。但就像我前面提到过的，比起被别人要求，成年人对自己选择的事情会更有动力，所以在找解决方法的时候，你需要做的是，呈现出更多的可能性给对方，告诉对方自己的底线要求是什么，然后把选择权交到对方的手上，让对方说出解决方案。

比如："和老师见面确实很重要，今晚是一定要去赴约的。同时，这个工作也真的是很重要，有没有什么办法可以不影响你今晚的安排，同时又能完成手上的任务呢？这个报告明天早上就要发给客户，没有你的数据支持，可能我们真的很难完成。”

对方可能会说：“那这样好不好，你们先把大的框架和能做的部分先做了，数据的部分我今天晚上吃完饭后跑出来，你们到时候把这部分再补上就好。”到这里，其实共同的解决方法就找到了，后面的你只需要和对方表达感谢和确定细节就好。

本章练习

今天回去之后，可以在实践中去应用解决抗拒的四步法，去体会一下对方的反应和以前有什么不同，也关注一下自己的心态有怎样的变化。